本书获得国家自然科学基金资助，项目批准号为 51378353

从大地开始
到天空之下

建筑基础教学实践

胡 滨 著

知识产权出版社
全国百佳图书出版单位

目录

前言

选择设计教师作为职业，缘于对教学尤其是对教案设计的兴趣。教学是个需要不断自我提高的工作，同时它对建筑实践有促进作用。而教案设计则是其中一个重要的挑战，是一个思考和研究的过程，尤其是针对基础教学的教案设计，因为它涉及教案设计者对建筑的基本认知。

教案设计应以研究为基础，这也是教学的魅力所在。无论是巴黎美术学院、包豪斯、"德州骑警"，还是伯纳德·赫伊斯在苏黎世瑞士联邦理工学院（ETH）开设的设计基础课，以及 20 世纪 80 年代哈佛提倡的叙事性教案和模型制作，它们都是以研究为基础，从而开启了新的教学实践。

这本书是关于同济大学二年级建筑设计基础课的实践。它试图在研究与教学之间建立关联，因而它主要涉及的是教学中"教"的部分。"教"的部分有两个方面：一是教案设计，涉及教学目标的设定、教案的设计线索、题目的设定、设计周期、练习的分解、日常教学的重点和设计推进的方式等；二是教学实施，涉及教学的组织方式、教学节奏和内容的调整、对学生的情绪和学习态度的掌控、对学生可能出现的问题的预测等。本书阐述的重点是教案设计，其目的无非是强调研究是教学的基础。它不是试图去设立一个范式，而是在众多教学路径中，呈现自己的思考。同时，希望这种思考能更多地呈现在我们的教学活动中，而不是简单地拼贴"趣味"练习。

一、基础教学

建筑设计基础教学作为本科设计训练的开始始终是个难题，因为它涉及设计教学的核心和基本问题——建筑的基本认知和传递。教师对建筑的基本认知是通过教案设计的主体线索呈现出来的。在基础教学中，教案设计是核心。教案设计对教师而言如同建设项目对设计者，是一个设计研究过程。同时，教案设计也是教师研究成果的体现。

教案是一个计划，教案设计是一个思考和研究的过程，是一个将个体对建筑的理解和研究成果融入教案的过程。它首先应关注其理论基础，也就是教师对建筑的认知和解读是基于什么立场。在此基础上关注教学的目标定位、题目设定以及如何实现等诸多问题。同时，因为针对的是初学者，教案还必须清晰、明确地呈现递进关系，以便分阶段地引导学生进入设计领域。

教案设计关注三个主要方面：

一是教学目标及其定位。通常情况下，五年的教学大纲和各个年级的教学目标应该是明确、连续和相互关联的，同时在一定时间阶段是稳定的。它们是教案设计的设计依据。换言之，教学大纲是明确的，但完成的路径、方法和手段应是多样的，这也决定了教案设计的多样性。同时，教案设计应该有自己独立的目标，这个目标与教学大纲的目标应该具有层级关系和关联性，当然前提是上个层级的教学大纲和教学目标是可行的。在设定教案的教学目标时，实际上是重新思考上个层级教学大纲和教学目标合理性的过程。

二是设计题目设定。这需要基于两个层级的教学目标来设定具体的设计任务。这个过程需要设定教案设计的线索、题目以及练习之间的关联和递进关系。教案设计，其关键不是题目的不同，而是题目的合理性、必要性和连续性，以此作为标准去考察题目与既定目标的关联性，就像设计的概念与设计的成果之间的关联，从而避免将教案设计变为简单的练习堆积，从而使教学目的、设计题目和成果呈现出随机性。

三是教学进程设定。其中涉及如何引导学生切入设计题目、每节课的教学重点、讨论的主题和下次设计课的设计任务、在各阶段采用什么方式推进设计等。通常我们的教学进程是按"一草"、"二草"、"三草"、定稿和正稿来划分的，或是依据另外一个线索，如从城市、场地到建筑，从建筑总体布局到建筑细部来制定教学进程。这个进程具有普遍性，但每个题目的设定，若是有研究主题，那么在这个普遍性之外，就会有专题研究，这个专题研究就会带动热身练习或是专项练习。例如，题目设定为展室，那么光线就是重要问题，而以光的装置为热身练习，就会顺理成章。这就是为什么有时我们会在上述进程之外，穿插小练习，以深化对某个问题的理解。这也是为什么要强调如何引导学生切入设计的重要性，因为它是教师自己对题目的解读和认知。

二、不同门径

在国外，20 世纪 50 年代美国"德州骑警"的"九宫格"练习是基于结构和建造技术的转变，基于柯布的多米诺结构和杜斯堡的抽象空间构成的研究而设定的形式空间训练。但其后在被广泛引用和应用中，因脱离了海杜克强调的核心要素和基本关系的探讨而走向简单的形式操作。[1]20 世纪 80 年代直至 90 年代末，赫伯特·克莱默（Herbert Kramel）在 ETH 主持的一年级教学遵循场地模型、空间结构模型和建筑模型的设计方法。[2]1 999~2000 年，他的教案规定学生在 6m×6m×6m 体积内，依据给定的片墙和体量进行空间构成，然后将其转化为居住空间，进而结合材料和建造完成小住宅单体设计。然后在给定场地范围内，依据设计的居住单体拼接成社区，组织各种等级的公共空间。到 21 世纪初，ETH 在迈克·安杰利（Marc Angelil）的主持下，一年级的设计教学从以裁缝的样纸为"基地"进行平面转换空间的训练开始，进而让学生观察舞蹈，让学生发现男女舞者之间的空间，并以此作为原型进行空间设计。而自从 2005 年克里斯蒂安·克雷兹（Christian Kerez）领导 ETH 一年级教

学后，他设计的教案是从他感兴趣的摄影照片开始的，训练学生观察光线与物质空间的关联，进而通过一个设计练习将概念、场地、功能和建造整合在一起综合地训练学生。在 ETH 教案不断变更的同时，有些欧美学校基于弗兰普顿的《建构文化研究》一书，将建造理论作为教案设计的基础，形成了以建造为始的多样的一年级设计练习。其中美国佛罗里达大学(University of Florida)是以"砌筑／构架"（Stereotomic/Tectonic）开始一年级设计练习的，而美国普瑞特艺术学院（Pratt Institute）则以木构的建造动作启动一年级设计训练。在东京工业大学，训练从一个小住宅的建筑测绘开始，但它不是简单的测绘，而是将测绘与历史和建造结合在一起进行讲解，然后进入单体建筑训练。

在国内，东南大学早在 20 世纪 80 年代就进行了基础教学改革，当时的改革集中在一年级和二年级。一年级的教学改革一方面不仅引入模型作为设计研究的手段，另一方面通过小制作、给定一系列片墙围合空间、给定立方体等一系列练

[1]朱雷译自海杜克的 Mask of Medusa，"九宫格问题用作为一种教学工具，以向新生介绍建筑学。通过这个练习，学生发现和懂得了建筑的一些基本要素：网格、框架、柱、梁、板、中心、边缘、线、面、体、延伸、收缩、张力、剪切，等等，显示出对于要素的理解，出现了关于结构组织的思想"。（朱雷. 空间操作——现代建筑空间设计及教学研究的基础与反思. 南京：东南大学出版社，2010：64 ）。

[2]顾大庆详细分析了赫伯特·克莱默在 1988~1989 年的划艇俱乐部教案，指出其模型推进设计的教学方法的同时，还着重指出教案中将设计分解成几个练习，几个练习相互关联推进设计以完成教学任务。这种分解是不同于常见的将设计分解为总图与体量、平面、功能组织，然后是立面设计，也不同于"一草"、"二草"、定稿和终稿这样常见的设计切分。[顾大庆. 建筑教育的核心价值——个人探索与时代特征. 时代建筑，2012(4)：16-23]

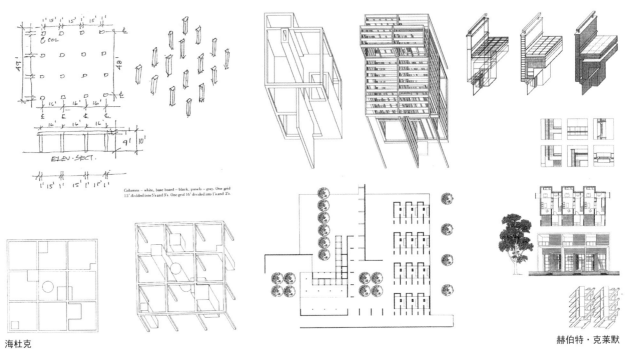

Columns – white, base board – black, panels – gray. One grid
15' divided into 5's and 3's. One grid 16' divided into 1's and 2's.

海杜克
"九宫格" 练习

赫伯特·克莱默
1999 ～ 2000 年间在 ETH 主持的一年级教案

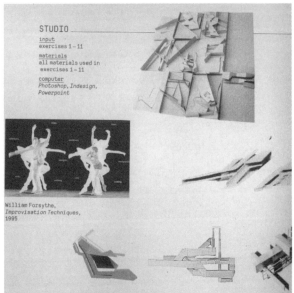

迈克·安杰利在 ETH 主持的一年级教案

克里斯蒂安·克雷兹在 ETH 主持的一年级教案

习训练学生的空间构筑能力。在 20 世纪 90 年代中后期，龚恺老师开始在一年级组织大尺度构筑物的真实建造。而二年级的教案则是在 ETH20 世纪 80 年代的模式基础上推进发展的。丁沃沃等老师将空间类型和空间组织方式、场地特征、材料和结构类型作为组织教案设计的线索，规定了每个练习的材料和结构类型，而朱雷等老师在此后的教案设计推进中，除了对上述教案组织线索进行了另外的解读，还将生活、结构、场地和计划叠加进去，确认每个设计的主题。而最近几年东南大学的年青教师在顾大庆老师的指导下，为一年级制定的教案则是将空间分解成杆件、墙体和体量三种塑造方式，接着引入人居概念，最后是建造层面的介入。顾大庆老师在香港中文大学的教学研究中，除了对上述方面的考虑之外，还曾将绘画引入到教学，将其作为空间训练的手段。此外，他还结合香港的特殊情况，以集装箱开始具体的空间设计。而丁沃沃老师在南京大学主持的基础设计教案则是从建筑测绘和建造 1:2 的模型开始培养学生对建筑的认知，而学生对城市的认知是通过影像、模型和图纸等方式来帮助学生建立的。在这期间，由于对建造的逐渐重视，国内的一些院校也引进了"椅子"、"铅笔盒"、"工具箱"等小制作练习，进而是一堵墙、一座桥的建造。

三、以往教案设计的出发点

分析上述教案，我们可以看出，一年级教案在以空间为核心的基础上，教案设计的切入点大致可分为空间形态构成、空间氛围和建造。

"九宫格"、ETH20 世纪八九十年代的模式、东南大学和顾大庆老师的教案都是从空间形态构成开始的，只是对空间构成要素的定义不同。"九宫格"练习是以网格和结构作为空间限定要素，ETH20 世纪八九十年代的模式是从片墙和体量开始的，而东南大学和顾大庆老师的教案都是以杆、面和体量开始空间构成训练。其中有些改变的是顾大庆老师曾将绘画引入作为空间构成的源泉，而且顾大庆老师认为的杆、面和体量的空间要素是基于他对模型的制作和建造，并结合当代建筑特征分析得出的，与东南大学教师的初衷不太一致。[3] 东南大学的一年级教案在空间构成之后介入人居要素，也在一定程度上避免了将空间训练简单化为构成训练。而 ETH 在 21 世纪初的以裁缝的样纸和舞者为观察对象开始的教案，看似是以身体开始，但实际上"裁缝的样纸"练习是利用样线简单转化为空间限定。而对舞者的观察，观察的是舞者之间的形态，并以此为依据直接转化成空间形态。实际上这两个练习和目前流行的找到一个自然形态并将其

[3] 顾大庆曾提到当代建筑设计的一个鲜明特点是设计概念是基于模型的操作动作，而模型材料的操作可分为杆件、板片和体量。将这种建造从真实建造延伸到模型建造时，他认为是"建造设计方法"的基本设想。（顾大庆.建筑教育的核心价值.2012: 20）实际上在张彧等人的文章中，将空间中的杆件、板片、盒子解释为空间形式的抽象物质要素。两者之间是有所差异的。

直接转化成建筑形态是一样的本质，是一种形态的操作方式。

空间氛围的训练在某种程度上是与身体感知密切相连的。克雷兹的空间氛围训练是从光线开始的，这在某种程度上是教案设计者将自己感兴趣和擅长的，与自己对建筑的解读相互结合的结果，这类训练可以通过祖母托的《空间氛围》一书来进一步理解、深化和完善。而且从 ETH 学生作业可以看出，无论是低年级教学还是高年级教学，空间氛围的塑造一直是被强调的，它是通过空间渲染和剖面的研究，在空间尺度之外通过光线质感、材料和家具得以强化的。

而以建造为切入点的教案设计，实际上呈现出两种状态。一种状态是直接以建造为主要线索组织教学，其中有以建造类型开始的，也有从建造的动作开始的。而且有些教案设计涉及从小制作过渡到大尺度的建造。它们都希望学生对设计的认知从理解建造和制作开始。在这些制作练习中，"椅子"的练习因其与身体的密切联系而显得特别。尽管它与"裁缝样纸"和"舞者"练习相比，不具有噱头，但它最本质地让设计与身体直接关联。而缺陷是它在一定程度上是产品设计，若一个练习能更直接地建立空间与身体的关联则更好。最近中国美术学院的基础训练中有个练习是要求学生用真实材料，诸如混凝土，塑造 1:1 的空间片段，并且服务于坐、走或是看等动作。这个练习将真实建造、空间与身体动作关联在一起，在空间与身体的关联研究方面进行了推进。同济大学一年级下学期教案中穿插的桥的建造练习也是一种尝试。而另一种状态是建造根植于并且始终贯穿于本科教学中，其中最具代表性的是 ETH，这也源于它一贯的传统。在 ETH 教学中，无论教案设计的主体要素是什么，建造始终是被关注的。其原因也是不言而喻的，因为建筑是要被建造的，空间的体验需要用建造来检验，这大概也是被众多院校强调的原因。只是建造研究介入教学的时间节点和深入程度不同。建造在训练中深入到何种程度，是真实砌筑、节点，还是逻辑训练，我们可以在每个教案和教学实施推进中去观察和判别。但是，建造的训练与概念和氛围之间的关联应该是教学的重点。

针对二年级的建筑设计基础课教学，空间无疑是核心，以什么线索切入教案设计则是思考的重点。同时场地、结构、材料、建造在教学中的位置也很关键。

教案设计背景

地形的意义 *

地形一直是设计者关注的问题，因为它是场所和建筑营造的基础，但对它的关注更多的是停留在自然地貌的层面上，探讨平地、坡地、谷地或其他自然环境与城市和建筑之间的关联。而戈特弗里德·森佩尔 (Gottfried Semper) 在阐述建筑四个要素之间的相互关系时强调了土方基础 (mound) 对火塘 (fireplace) 的重要性。[1] 在建筑四个要素之中，火塘是中心，是个精神中心。建好了火塘之后，就确定了"这里"和"那里"，也就区分了神圣和世俗。然而在确定"这里"和"那里"的过程中，"一开始就需要土方基础将火塘（神圣的世界）抬离地面，因此土方基础立刻就与火塘连接起来了。"[2] 而土方基础是与地形密切相关的砌筑实体。此时，地形与场地的精神中心紧密结合。

肯尼思·弗兰普敦 (Kenneth Frampton) 在讨论批判性时认为场地的特殊因素，诸如地形、多变的光线和气候等，是重新定义地域性建筑特征的源泉。[3] 从

上述角度来看，我们可以认为地形对地域性的塑造具有一定意义。

地形的词源

弗兰普敦在讨论地形时用的英文是 TOPOGRAPHY，但是他并未对地形 (Topography) 在概念上进行明确的界定，只是指出地形是个有结构支撑的三维体系。

实际上，地形常常被认为是指一个特定地点的自然地貌和轮廓。平原、山脉和丘陵，河流与海洋，还有在地面上生长的植物，都是地形的自然特征。当对地形的理解脱离它是二维轮廓时，它的三维"结构"会对居住者的视觉和空间感知产生影响。在樋口忠彦 (Tadahiko Higuchi) 对日本山区的研究中，他运用凯文·林奇 (Kevin Lynch) 分析城市的方法解读自然景观。[4] 边界、焦点目标、方向性和领域成了樋口忠彦认知自然景观结构的四个要素。在这个研究中，地形成了一

---

* 原文载于《建筑师》2011/05，略有改动。

[1] 戈特弗里德·森佩尔在《建筑的四要素》一文中指出建筑的四要素是火塘 (fireplace)、土方基础 (mound)、屋顶 (roof) 和围护 (enclosure)。[Gottfried Semper, "The Four Elements of Architecture," in Harry Francis Mallgrave and Wolfgang Herrmann (trans.), The Four Elements and Architecture and Other Writings, New York: Cambridge University Press, 1989, p. 102.]

[2] Kenneth Frampton, Studies in Tectonic Culture, (Cambridge, MA: The MIT Press, 1995), p. 85. 翻译参照王骏阳在《建构文化研究》中的译文。

[3] Kenneth Frampton, Modern Architecture, (London: Thames and Hudson Ltd., 3rd Edition, 1997), p. 327. "...ranging from the topography, considering as three dimensional matrix into which the structure is fitted, to the varying play of local light across the structure...and the climate".

[4] 凯文·林奇在《城市意向》中将城市空间抽象为标志物、道路、节点、边界和区域。樋口忠彦的工作以凯文·林奇的《城市意向》和克里斯蒂安·诺伯格－舒尔兹 (Christian Norberg-Schulz) 的《存在·空间·建筑》为基础。

个空间结构，一个三维集合体。

地形 (Topography) 一词在英文中，其含义不只局限于自然地貌和轮廓。从词源来说，地形 (Topography) 一词由希腊语 Topos 和 Graphein 或者拉丁文 Graphia 组成。Topos 是"地形"一词的前缀，它的意思是场所。在《物理学》(Physics) 一书中，亚里士多德将 Topos 定义为"包围在边缘的首要的不变界限"。[5]Topos 成为了一个容器的静止不动的边界，它与容器里面所承载的"内容"相区别。与之相反，Chora 这一词被亚里士多德用来概括容器的容积。在古希腊，Chora 表示地点的性质。后来，基督徒命名了圣地 Topoi，[6] 这就扩大了 Topos 一词的含义，即包含了人类的经验、记忆和活动。

而 Graphein 的意思是书写或描述，它使地形 (Topography) 一词继承了两个现在通用的意思：一个地点或区域在地图上的"图示"，指示它们的"相对位置和海拔高度"，或者对一个地点或区域的"详细精确的描述"。[7] 对一个地点的描述是指在语言中对自然景观进行比喻性的再创造。但是描述的含义不仅是指描述的内容，它还包含图解 (Mapping) 这个动作。绘制一个地貌的相对位置和海拔高度，还指图解自然环境和人类之间的关系。《牛津英语词典》在注解中将 Topography 的含义主要扩展为三个条目：[8]

1 a) 描述一个特定的地点、城市、城镇、庄园、教区或广阔土地的科学或实践。对任何地点的准确而详尽的描绘和描述。

  b) 对一个地点的详尽的描述或描绘。

  c) 地方化，地区分布；对地方化和地区分布的研究。

2 一个区域或地点的总体特征。

3 a) 对身体的不同部分和器官的位置的确定，局部解剖学。

  b) 对动物体表的不同部位或部分的确定和命名。

从广义上来说，地形(Topography) 有四个主要含义：
第一，一个地点或区域内的详尽而明确的特征。
第二，一个结构内部各组成部分之间的关系。
第三，一种表述，而非真实的反映。
第四，地方化。

[5] Aristotle, Physics, iv 5, 212a20, translated as given in Aristotle's Physics Books, III and IV, Edward Hussey (trans.), (Oxford: Clarendon Press, 1983).

[6] 在 Placeways 一书中，E.V. 沃尔特 (E.V. Walter) 提到 topos 这一词首先是在埃斯库罗斯 (Aeschylus) 的作品中出现的。一直到大约公元前 470 年之前，这部作品中的 topos 还只表示位置的意思，而 chora 则表示对一个地点的热爱。在大约公元前 3 世纪的希腊化时期的希腊，"《旧约圣经》的希腊文译本在整篇希伯来文圣经翻译中都将 topos 扩展为一个代表圣地的希腊词语。后来，基督徒也将圣地称为 topoi，并且 chora 一词有了技术和行政的意义。"（Placeways, p120）。

[7] 摘自《美国传统词典》(American Heritage® Dictionary of the English Language)。

[8] The Oxford English Dictionary (compact edition), p. 3354.

泰拉阿马达 (Terra Amata)，法国

阿布辛贝神庙，埃及

新庄园 (New Grange)，爱尔兰

地方化是一个关键的词语。它表明地形 (Topography) 在对细节描述时，同时揭示了"这个"地点的信息，关注的是"此"，而不是一个普遍类型。它是关于"一个完全独特的地点，在地球上其他任何地方都不会找到与之相同的地点"。[9] 这就是地方化的产生。

包含了栖居的地形

马丁·海德格尔 (Martin Heidegger) 为我们关注地形在营造场所中的作用建立了理论平台。在《艺术作品的起源》(the Origin of the Work of Art) 一文中，海德格尔描述了一座希腊神庙，它矗立在一个布满岩石的峡谷之中，它开启了一个世界并且"使大地显现"。[10]

在神庙出现之前，"大地"是原始的、隐蔽的。当神庙被建造之后，"大地"就作为神庙的"地基"被显现出来了。无论是否像法国的泰拉阿马达古老的小屋，还是爱尔兰新庄园的通道洞穴，又或是古代亚述及巴比伦的金字形神塔；无论它们是建在大地之上

[9] Casey, Representing Place: Landscape Painting & Maps, p.196.

[10] "这个建筑作品阒然无声地屹立于岩地上。作品的这一屹立道出了岩石那种笨拙但自发的承受的神秘。建筑作品阒然无声地承受着席卷而来的猛烈风暴，因此证明了风暴本身的强力。岩石的璀璨光芒看来只是太阳的恩赐，然而它却使得白昼的光明、天空的辽阔、夜晚的幽暗显露出来……树木和草地，兀鹰和公牛，长蛇和蟋蟀这才首次进入了它们突出鲜明的形象之中，从而显示为它们所是的东西。"译文引自海德格尔著，孙周兴译，《林中路》，上海译文出版社，2008：24.Heidegger, "The Origin of the Work of Art," Basic Writing, David Farrell Krell (ed.), (New York: HarperCollins Publishers, Inc., 1993), pp.167-168.

或之下，还是悬在空中，"大地"都以建构方式呈现出它是某人或某个区域"固有的土地"。

当神庙被建立，大地因此而呈现出来，同时，一个世界也被建立了。米尔恰·伊利亚德 (Mircea Eliade) 在她的《神圣与世俗》(The Sacred and the Profane) 一书中提到迁入一个地区就相当于使这个地区神圣化并且建立一个世界。[11] 神庙在伊利亚德看来被认为是一个与上帝的连接，也是大地与天空之间的对话。[12] 同时，它连接了周围的道路并且揭示了相互关系。一个环绕着神庙的世界被建立了起来。神庙变成了世界的"中心"。阿其帕人 (The Achilpa) 将他们领地中的一根圣杆当做他们世界的中心而效忠。这根圣杆建立了一根轴线，将土地与天空相连接，也是他们生活的守护者。为了不远离他们的中心，他们甚至将这根圣杆随身携带。这根圣杆为阿其帕人建立了一个可居住的、神圣的领域。有了圣杆，他们建立了属于自己的神圣世界和日常生活。"定居"使这个地区可居住。"中心"位置这一概念实际上区分了"这个"地方和"那个"地方。因此，"大地"被逐层体现出来。"大地"冉也不是一个静止不动的陆地了。在这个过程中，荒地变成了地形。

作为场所，地形为人的身体提供了一个避难所、一个庇护所。关于"大地"如何进入和呈现在我们的"存在"中的研究将有助于我们重新定义地形和使地形显现。当"大地"被作品显现时，大地就被赋予了人性，人们就开始在大地上栖居。

包含了体验的地形

我们在这里行走，感受着身体随着地面的起伏而升降，感觉着清风拂过你的脸庞；我们触摸岩石和树木，享受洒落在岩石上的明亮阳光，享受天空的颜色……自然的力量，地面的形状，光线的色泽和空气是这里的特征。[13]

在皮基奥尼斯 (Dimitris Pikionis) 描述的场景中出现了两个要素：人的内在感知和场地中的客观物体。外部空间和事物是激发我们内在感受的因素，并且也蕴含于我们的"内心"之中。内心感受之后再重新审视这些事物，这些事物也不再是一个客观物体。因此外在和内心亲密相连并且随时转换，地形也就变成了一种情感空间，人们可以触摸"外在"并且表达"内心"。这可以让人欣喜、悲伤，可以让人感受生命，也可以让人感受大地、阳光、空气和温度。

[11] Mircea Eliade, The Sacred and the Profane: The Nature of Religion, Willard R. Trask (trans.), (New York: Harper & Row, Publishers, 1959).

[12] 巴比伦的避难所的名称表明了神庙作为大地与天堂的纽带功能。巴比伦的避难所被称为"房屋的山脉"、"暴雨的山脉"、"天堂与大地的纽带"，等等。(查阅 Eliade, The Sacred and the Profane: The Nature of Religion, p. 40.)

[13] Dimitris Pikionis, "Sentimental Topography," in Scott Marble (ed.), Architecture and Body, (New York: Rizzoli, 1988).

这种"内心"与"外在"的关联不仅体现在个体层面上，也体现在群体或社会的层面上。当这个地点的地形因人的体验而形成了一个领域，这也使得这个地点在区域中与众不同。在《恋地情结》(Topophilia)[14]一书中，段义孚 (Yi-Fu Tuan) 论证了在某种程度上不同的地形对不同群体形成不同的世界观产生了影响，同时他也指出在一个相似的环境中，也有可能产生不同的世界观。他将地形分成四种主要的类型：①森林；②半干旱的高原；③森林和草地之间的地带；④河流环境。森林的居民，例如刚果雨林中巴布提部落的俾格米人，他们没有远景的概念，因为那里是看不到地平线的。在一个没有开阔视野的世界里，没有突出的竖杆可以用来作为测量距离的参照物。在一个缺少季节变换、天空和陆地的景观的森林世界中，人们的生活、舞蹈、衣着、被褥和仪式都与树和木头有关。这些活动都来源于树林，都围绕着树林，并且都发生在树林中；半干旱高原上多彩层叠的地形（台地、孤立的小山丘、悬崖等）为美国西南部普韦布洛的印第安人构成了一个竖向尺度的宇宙。天空、大地、太阳和农耕在他们的神话中起到了突出作用。太阳是"父亲"，大地是"母亲"；介于森林和草原之间的环境具有两重性的特征，进而也影响居住的人。对于被称为卡塞河的雷利的非洲部落来说，森林就是天堂。在炎热的天气里，人们狩猎的草原是令人厌烦的。森林

为男人而存在，草原为女人而存在。男人在森林里工作，女人在草原中劳动。"它的经济、社会和宗教生活中的二元构成似乎不可避免地与自然中二元分裂相关。"[15]在河流环境中，不同的条件会形成不同的世界观。埃及和美索不达米亚都有河流。但是由于埃及特定的沙漠位置，它的环境是沿着尼罗河对称分布的。美索不达米亚的自然景观非常复杂，它融合了沙地、平原、沼泽和湖泊。因此，在埃及的历史和神话当中，太阳和尼罗河是很重要的。横向的和竖向的坐标轴得到了体现。由于美索不达米亚混合的自然景观，这里的神也不是唯一的。众神掌管着宇宙。这种倾向使得美索不达米亚人相信宇宙的秩序必须得以"维持和管理"，在段义孚看来，这与美索不达米亚的政治结构是相联系的。

不仅如此，随着社会和文化的发展，人们对于环境的看法会随时间而改变。例如，在人类早期历史中，因为人们难以接近山脉，并且认为山脉很危险，所以人们一直以敬畏的眼光来看待山脉。由于它远离人们的日常生活，最初"山脉"(Mountain)一词被赋予了宗教含义。在中国，"山脉"与天、地、人一起被认为是世界的四个组成部分。山脉是连接地球和天堂的竖杆。在现代，由于技术和文化的发展，人们总是把一条山脉当做一道风景和一种旅游资源。

[14] Yi-Fu Tuan, Topophilia: A Study of Environmental Perception, Attitudes, and Values, (New York: Columbia University Press, 1974).

[15] Tuan, Topophilia, p. 84.

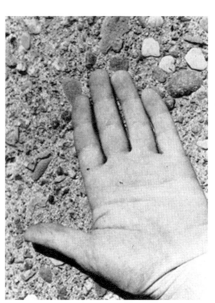  

《岩石手》，丹尼斯·奥本海姆 (Dennis Oppenheim)

地形对人们世界观的影响说明地形限制了它的自然环境、经济、社会和宗教生活。尽管地形可能不是世界观形成的决定因素，但是它为人类的活动和经验提供了感官刺激。人对山脉看法的转变证明了人们对自然物的看法并非是相同的或不变的。地形对人类体验的影响已经随着时间发生了改变。

包含了记忆和时间的地形

由丹尼斯·奥本海姆（Dennis Oppenheim）创作的行为艺术在自然和人体之间建立了一座桥梁。他把手放在岩地中，再把石头放在他的手上，最后，随着时间的改变，他的手变成了岩地的一部分。在这个过程中，身体使地形有了活力。随着时间的逝去，这个包含了人类经验和记忆的图像被记录、刻入地形上，被记录、刻入地形里面，被记录、刻入而成为地形。《岩石手》表现了地形的深度。

地形作为一个三维结构的特征不仅表现在物质层面上，而且还表现在文化和历史层面上。地形和人类之间的相互作用对这两个层面都产生了影响，并且地形和人类之间都相互留下了烙印。正如卡塞（Casey）所强调的，记忆和地点之间的联系也暗示着记忆和身体之间密切的联系。"有一种观念认为从根本上说精神生活是与自身有关的空间和时间，以及在时间和空间纬度上得以延展的场所的综合体……这种观念对正确理解人的理念或体验都是很重要的。"[16] 人类活动和时间联系在一起时，地形就不再是一个单一的整体了，而是呈现出相互叠加的层次性。记忆经常被认为与时间的维度有关。实际上，似乎记忆与空间的联系和记忆与时间的联系一样多。时间和空间赋予了记忆以层次，并且为记忆建立了一个三维结构。因此，记忆使地形变得厚重。同时，因为人类活动在不断作用于地形，所以地形并非像一幅加了外框的图画，景象被固定而静止不动。地形处在不断的变化与自我改变的过程中。因此，地形是一个动态的三维结构，而非一个"固定的表面"。绘制地形图展现了地形的不同层次，并且探究了地形的深度。

物质层面和文化、历史层面，作为地形两个三维结构的层次，是交织在一起的。人与地形之间的互动，"外在"表现在地形的物质三维结构，而"内在"呈现于地形的文化和历史的三维结构。"内在"和"外在"之间没有明确的界限。地形是"延展"的自然和人的记忆、体验中的一部分。卡塞讨论"记忆和地点之间的选择性亲和"时写道：

"事物之间不仅要相互适应；而且应相互激发回映和记忆。场所内的事物都将被更好地记忆。如果一个事物在记忆中与一个特殊的地点和空间相关联，那么它将被牢记，而且这个地点

[16] Edward S. Casey, Remembering: A Phenomenological Study, (Bloomington, IL: Indiana University Press, 1987), p. 107.

比事物发生的时间要更容易被记住。"[17]

　　"物质"的地形和"文化和历史"的地形是相互依存的，并且互相表征。地形在地理中的每个层次都与文化和历史中的层次相一致。就层次来说，物质层面和文化、历史层面之间存在水平联系，一定的文化和社会因素会在地形的物质层面上反映，反之亦然。地形包含了深度，两个层面又各自存在多层次性，各层次之间存在的是"垂直"联系。记忆需要一系列连续的事件，而"此"事件又与"彼"事件相关。"垂直维度"上的层次之间的关系应该是"透明的"或"半透明的"。换句话说，各个层次都不是独立的。在形成层次的过程中，下面的一个层次和上面的一个层次始终是相互影响的。场所精神（Genius Loci）就是这些层次之间相互作用的结果，是这些层次的"拼贴画"。

结语：可操作的地形
　　地形是一个可操作的系统（Operative Matrix）。"可操作"（Operative）是指"一种体系或工具它可以在开放的逻辑基础上促进各组成部分总体进步"。[18]地形的"系统性"（Matrix）[19]在于它的地理、文化和历史的复杂性。"地形"系统的骨架是时间的维度。时间它的维度按年代的顺序构成了地理层次，也同样构成了文化和历史叠加的层次。地形是一个系统类记忆和经验包含在内的集合体。这个集合体是一个生成和激发社会状况进而形成一种社会关系的机制。它是多种力量、事件和活动的累积。

　　地形的开放性是地形成为一个系统的根本原因。地形通过栖居指引、聚集并且构筑了我们的体验。地形是变化的并且是自我改变的。地形不是一幅简单的图画，它是我们实践和技术能力的反映，而且还是我们文化和社会的反映——我们的需要、希望，我们所关注的事情，以及我们的梦想的反映。地形是一个过去和现在相互影响的场所，是一个地域性特征和全球文明相遇的场所，也是一个文化与人类相互作用的场所。地形地方化了全球性。

[17] Casey. Remembering: A Phenomenological Study. pp. 214-215.

[18] The Metapolis Dictionary of Advanced Architecture. (Barcelona: Actar, 2003). p. 464.

[19] 在《牛津英汉大辞典》(compact edition, p. 1744.)中，Matrix 解释如下：
　　1）复数，古拉丁语，怀孕的动物。
　　2）可孕育、产生或发展其他物的地点或方法。
　　3）一个嵌入或围合的集合体。
　　4）一个可以筑造或形成某物的模具。

云南沙溪　摄影：黄印武

教案设计

从大地开始
到天空之下

二年级作为基础教学的一部分，它的教案设计应该是建立在对空间认知和对基础教学活动认知的基础上，来设定设计题目、建立各设计题目之间的连续性和组织教学活动的。

教案设计的基准点：

（1）建筑处于自然之中——大地之上、天空之下，是自然的一部分。由于它作为人类活动和社会生活的载体和传达者介入自然，从而改变着其栖居之中的自然，使自然"人工化"，使自然具有社会和历史的含义。自然和人之间相互作用，并且相互留下了烙印和记忆。时间和空间赋予了记忆以层次，并且为记忆建立了一个三维结构。同时，因为人类活动在不断地作用于自然，自然始终处于不断改变的过程中，因而自然成为一个动态的三维结构，而非一个"固定的物质"。

（2）建筑具有自主性，它以空间为核心，以其物质性作为成立的基础，以人的体验和感知为评判标准。空间的物质性涉及场地、结构、材料/构筑、功能计划。而人的体验以人的身体为参照物，以各身体感官的综合感知为基础，以时间为变量，以个体或集体的记忆为催化剂。

（3）基础教学需要在分解训练和综合训练中寻求平衡。综合训练是为了帮助学生认识到设计是个研究的过程，同时从设计策略直至细部设计是在一个系统里统筹考察和平衡的结果（包括对社会和历史的考察），孤立思考一个问题会为设计带来很多弊端；分解训练则是由教学对象的理解程度和对问题讨论的深入程度而决定的。

教案的定位和设计思路

本教案设计强调自然、空间和身体相结合，以叙事性和制作相结合的空间设计训练替代以往功能训练为主的教学模式，不再以功能的简单复杂程度作为教案设计推进的主要参考要素。教案强调以下三方面：①叙事性教案设计；②设计概念生成训练；③模型作为推进设计的手段。其主导思想是以空间塑造为主体，空间训练从空间与自然的关系着手，对概念来源进行分解训练，强调空间的"叙事性"和可实施性。

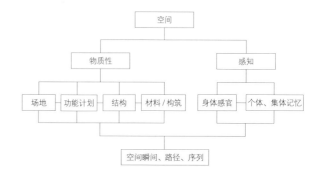

二年级基础设计课

	从大地开始（上学期16周）			天空之下（下学期16周）	
练习	1 等候空间	2 再现威尼斯路径	3 威尼斯的工作室	4 光与展品的回响	5 渔梁村的公共活动中心
教案设计线索	大地			光、雨、水	
概念来源限定	功能计划	基地（城市构筑、临海、生活）	基地 + 功能计划	材料 + 展品特征	基地（村落构筑、坡地、生活 + 功能计划 + 材料）
空间	空间的想象力			空间的想象力 + 空间完成度	
场地	抽象基地（给定几何体）	不可到达场地 + 城市（地形具有社会和历史记忆）		可到达场地（自选）	可到达场地 + 村落（地形具有雨和水）
功能计划	简化、抽象	城市生活	城市生活 + 公共、私密空间	公共性：单一物品展示空间	公共性：复合型村落活动中心（功能自定）
结构	自定：空间结构、空间概念与结构的关联			自定：空间结构、空间概念与结构的关联	
材料 构筑	模型 / 材料研究	场地 + 城市建造方式		真实材料、构筑与空间氛围	村落建造方式 + 真实材料、构筑与空间氛围

二年级整个学年的教案设计是连续的，但上、下两个学期的侧重点又有所不同。

（1）教案设计以大地和天空（光、雨、水）为线索组织上学期和下学期的教案，强调的都是自然因素的社会和历史含义，强调它们是研究场地和阅读场所精神的重要组成部分，强化的是如何将建筑"锚固"在场地里。

（2）空间的想象力是整个二年级训练的重点，但"天空之下"的教案在上学期的基础上引入1:50、1:20的模型和剖面，以及对真实材料的体验和研究，以加强空间真实建造的训练，并建立细部设计与设计策略的关联。

（3）在场地选择上，以不可到达场地和可到达场地进行分类，选择不可到达场地的目的是强化文献、影像和文学对场地阅读的重要性。"天空之下"教案从上学期的不可到达场地进入可到达场地研究，也从城市研究进入村落研究。

（4）空间的功能计划也从单一递进到复合，从私密空间过渡到公共空间，从城市生活研究过渡到村落公共生活研究。同时，功能计划也从上学期的由教案设定，过渡到要求学生在研究基地和村落的基础上，自行确定。其中强调的是，功能计划是规划人与人的关系，而不只是功能的便利和合理性。

（5）结构在整个学年贯彻的是以空间结构带动力学结构的理解，以结构的表达与空间概念和感知之间的关联作为研究的切入点，而不是以力学结构的分类作为教案设计的出发点。当然，在教学过程中需要针对学生在方案中采取的结构形式进行必要的讲解。

（6）材料与构筑在整个学年贯彻的是研究材料本身的特性，发现其构筑潜力，与空间特征和设计策略建立关联。在下学期的教案中，强调的是对真实材料的感知和塑造空间特征的潜力，同时引入构筑和节点设计，为学生初步建立真实建造的概念。

周期	1	2	3	4	5	6	7	8	9	10	11	12	13	14	15	16

练习	1 等候空间	2 再现威尼斯路径	3 威尼斯的工作室

进程

要素	功能计划	实体	空间路径	相对比例	城市构筑	广场	记忆	功能计划	空间类型	制作
		层叠	空间瞬间	建造	城市生活	街道	再现	城市构筑	空间界面	公共性
		透明	空间转换	材料与氛围			场所	城市生活	空间特征	人物关系

周期	17	18	19	20	21	22	23	24	25	26	27	28	29	30	31	32

练习	4 光与展品的回响	5 渔梁村的公共活动中心

进程

要素							
光线	光线与空间	场地氛围	空间氛围与建造	雨水	村落历史	日常生活	公共活动
展品	光线与材料	观看与展品		事件	村落经济	生产生活	建造逻辑
	光线与展品	行为与空间序列		功能计划	村落结构	游客	空间特征

训练方式

训练手段

通过阅读和写作实现文献、理论研究与设计之间的互动，以强调设计的研究过程：

（1）WORDS 的介入，引导学生对建筑基本概念的重新认识，以及对设计概念的抽象。

（2）文学、影像与空间想象力之间的互动。

（3）不同设计媒介之间的互动：

  1）模型为设计推进的主要手段，学生在不同比例模型制作过程中研究不同问题；

  2）模型与徒手平面、剖面草图的结合，以推进设计；

  3）模型、空间照片及空间渲染之间互动，以共同研究空间的特征；

  4）模型表达与图纸精确表达之间互动；

  5）空间剖面的强化训练。

（4）独立完成与小组合作之间的互动。

训练分解原则

训练涉及基本概念和要素的讨论，而题目的设定对二年级而言，还是相对复杂的，所以需要对练习进行分解，对主要问题进行单独训练。

在分解中强调的原则是：

（1）训练的核心思想，即以人的感知来讨论材料、结构、空间关系和氛围，并贯穿在每个设计讨论中。

（2）对训练的主要问题先进行独立研究和训练，并不直接将学生带入综合的设计题目。以等候空间为例，训练首先是将练习中涉及的几个要素（墙体、杆件和实体）和层叠先抽离出来，对学生进行训练。在训练中，也不是以形式构成为讨论原则，而是强调不同建造方式对人的空间感受造成的差异。在这个研究过程中，每个学生都会提出各自的理解和设计，这不仅为下面的设计提供了案例选择，同时也有助于对练习涉及的要素进行深入研究。

（3）在分解中，始终强调文字对设计推进的重要性。这不仅反映在最初通过对文字和图片的研究，加深学生对空间氛围的感知，而且在设计推进中多次让学生写设计说明以帮助他们整理设计思路。

（4）在分解中，通过不同比例模型，以求解决不同问题。以等候空间为例，在训练的第二个步骤，实际上是通过 1:2 模型，先确立功能计划，再确立空间关系和空间氛围，加深对四个基本概念的理解及其在设计中的运用。在这个过程，一方面通过模型的建造，强迫学生对材料进行选择和处理，对结构的稳定性进行考虑，同时通过剖面草图的推敲，进一步研究空间之间的关系和光线对空间的影响。在训练的第三个步骤，通过研究 1:1 模型，将设计推进到对人的动作和空间瞬间的研究，将空间建造体系、结构体系与

空间设计的策略进一步整合，通过人的尺度，进一步检验空间氛围。而通过剖面的"再现"，研究空间氛围的"图示"问题。

（5）在练习中，遵循普遍采用的从小到大的推进方式，但注重在不同模型中的往复跳跃，有助于学生在不同的尺度下重新审视设计。

（6）在分解中，注重不同时机、不同设计手段的交叉运用。

在分解中注重连续性，在每节课前预测学生可能出现的问题，并在每节课中只着重讨论和解决几个问题，都是在具体教学中我们需要注重的。

练习 1　等候空间

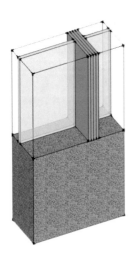

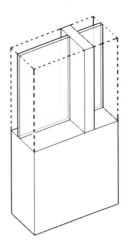

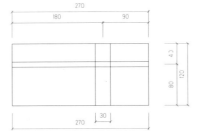

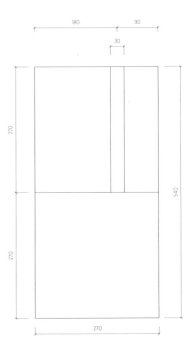

设计任务

等候空间
SPACE—INTERCHANGE: ON THE TRAJECTORIES OF WAITING

"等候空间"练习题目（7周）

在给定体量中，设计等候空间。等候的内容自定，并依据此内容设计空间序列。人在模型中的尺度自定。空间序列至少包含到达、等候和离开。

在给定的体量中，有一堵墙的厚度（30mm）和构筑方式（层叠）已被设定，同时还设定了一堵墙的位置和特性（透明）。实体的五分之一，可挖空进行空间设计。

训练目的

1 以人的身体感知来检验空间特征；

2 以功能计划（Programme）作为设计概念的切入点，探讨空间特征的塑造；

3 以模型构筑作为设计推进的手段，探讨材料、构筑与空间体验的关联；

4 以文本阅读作为研究方式，探讨空间基本概念；

5 以剖面作为主要表现方式，探讨空间的相互关系和再现。

训练涉及讨论的概念

概念与功能计划 （Idea / Program）

模型与设计 （Model Making / Design Process）

层叠 （Layering）

透明 （Transparency: Material）

大地 （Ground）

边界 （Threshold）

成果要求

1 1:1 模型；

2 1:1、1:2 剖面；

3 剖透视；

4 设计说明；

5 模型照片。

Rem Koolhaas, Bordeaux House and Pool

Carlo Scarpa, Istituto di Architettura di Venezia

Rem Koolhaas, Seattle Central Library

解读练习

教案以设计抽象"地形"中的等候空间开始，目的在于将问题集中在功能计划（Programme）是如何启发和生成设计理念的，并如何引导空间设计。

在这个练习中，真实的场地和功能被极大简化，但并不意味两者对设计不起作用，相反这里的地形成为上学期16周教案的抽象概括。在这个设计中，场地研究所强调的是，场地不是一个二维平面，而是一个三维空间。功能研究所强调的是到达、等候和离开三个空间序列，以及人在等候时的活动对空间设计的影响。

训练重点

1　弱化形式构成，强调空间特征的塑造。
　　以人在空间内部的感知替代从外部对形式美的讨论。

2　以功能计划（Programme）作为设计概念的切入点，探讨空间特征。
　　以规划功能计划来建立空间之间的关系和人之间的关系。弱化周围环境对设计的限定。但在设计中，可假定周围环境，在设计推进中要综合考虑其他设计要素，诸如结构和构筑。

3　以模型构筑作为设计推进的手段，探讨材料、构筑与空间体验的关联，为研究真实材料建立观察和思考的方法。

模型研究是要在制作中探求材料，在制作中思考。同时，结构稳定性的问题会直接呈现。

4　强化上部空间与实体在空间关系和构筑之间的关联。
　　强化实体中"挖"空间与在"空"中"筑"空间两者在建造和空间体验之间的异同。

5　简单化处理真实状况对功能的限定。
　　将使用功能合理性只集中在到达、等候和离开，以及对人行为的规范，其余的可忽略不计。例如，三个空间由于在进入位置以及高度上的差异，造成人行走路径的曲折和反复，这与功能合理性出现矛盾，在设计中可以忽略。

要素解读

1　功能计划

　　埃德里安·佛蒂（Adrian Forty）在其《Words and Buildings》一书中讨论过功能（Function）这个词的历史演变，从最初关于材料建造，强调不能用石材去模仿木构建造方式，到我们习惯地解读——使用，再拓展到当代与人行为、事件等相互关联。而在现实中，功能一直被习惯性地指向使用功能。

　　而功能计划（Porgramme）强调的是功能有其自主性和可变性，计划是强调刻画人与人、人与环境的关系。塚本由晴在《空间的回响、回响的空间》一书中，用面具解读功能计划。面具通过放大面部某个局部，

加藤久仁生
积木之家

如耳朵，而表现这个面具代表的神具有某种超能力，如听力。塚本由晴将之延伸到建筑平面布局，提出若将平面布局进行某种变异，由于有原型的对应，这些变异会使建筑获得不同的意义。

2　实体

（1）结构上的意义。

（2）构筑上的意义。

（3）与上部空间的分界在哪？需要分界吗？

（4）空间体验上的意义。

实体空间本身具有的特性。

意义的拓展：从 Ground 走向 Topography。

3　层叠

（1）层（名词）：几层能构成层叠？层的材料的是什么？

叠（动词）：如何叠？方向？

（2）核心问题：与人的行为和体验的关系。

意义的拓展：构筑、空间、时间 / 历史的层叠。

4　透明

（1）无厚度的墙与有厚度的墙的差别？

（2）透明与材质相关？

（3）透明与构筑相关？

（4）透明引起的空间关系和人的体验之间的关联。

意义的拓展：材料的透明与现象的透明。

5　边界

（1）体积上的边界。

（2）空间体验的瞬间。

（3）边界意味结束还是开始？

意义的拓展：从 Edge 走向 Threshold。

教学进程

训练分解

阶段一 空间关系（第一、二周）

目的：

  以模型材料为原点，探讨材料与构筑、构筑与感知和空间之间的关联，同时通过模型与建筑图片的对比观察，在对模型材料的思考与对建成建筑的观察这两者之间建立关联。通过从建筑基本构成要素（杆件、墙与体量）的角度切入，以及文本与建成空间的比对，研究空间关系。

第一周

布置任务：

1）模型：一片墙与杆件。墙体大小为 20cm×25cm，其余自定；

2）空间关系解读：依据给定的空间的关系词语，找寻案例和图片，解释空间关系。

讨论的焦点：

1）模型材料的基本认知；

2）墙体的稳定性与构筑方式；

3）墙体与杆件的结构关系和空间组织关系；

4）通过对词源的研究，对空间概念的文本意义进行探讨；

5）通过对图片的讨论，探讨空间概念与图示之间的关联；

6）通过对图片的讨论，研究建成材料与空间氛围之间的关联。

第二周

布置任务：

1）模型：片墙、杆件和体积，并定义空间关系；

2）文字说明：等候空间设计的功能计划，以及它对空间特征的要求。

讨论的焦点：

1）层叠构筑的方式：着重讨论墙体厚度对空间体验的影响、材料的选择与构筑方式的关联；

2）墙体的稳定性与构筑方式；

3）墙体与杆件或体积之间的结构关系、空间组织关系；

4）通过空间定义，讨论概念与设计的实际呈现之间的关联；

5）通过文字描述，初步讨论设计的切入点。

阶段二　空间路径、基本特征（第三、四周）

目的：

　　初步确定设计策略，明确功能计划与空间氛围的关联，明确行进路径和对材料的选择。对设定的四个概念进行讨论。

第三周

布置任务：

1）1:2 模型（135mmx60mmx270mm）；

2）剖面草图研究。

第四周

布置任务：

1）1:2 模型；

2）文字说明。

讨论的焦点：

1）通过功能计划确认空间的氛围与行进路径；

2）探讨确定的空间氛围与模型中呈现的空间特征的关联；

3）人在空间行进和停留中的感知；

4）模型的结构体系；

5）模型中层叠墙在划分空间与人行进路径中的作用，墙体厚度对设计的影响；

6）在建造和空间体验两个层面上建立实体空间与上部空间之间的关联；

7）通过剖面研究，探讨人与人之间的关联，人体在空间的尺度。

讨论的焦点：

1）明确到达、等候和离开三个空间的位置、氛围与给定要素和人体验之间的关联；

2）以光线为主题，讨论空间氛围；

3）讨论透明墙的透明性、空间划分与人体验之间的关联；

4）着重讨论边界；

5）再次核定材料选择与结构体系。

阶段三　空间瞬间（第五、六周）

目的：

通过对动作细致的讨论，强调对空间瞬间的刻画；同时通过讨论结构类型的选择、结构层级和建造，建立体系概念；通过对 1:1 剖面的研究，探讨空间氛围的表达。

第五周

布置任务：

1）1:1 模型（270mmx120mmx540mm）；

2）1:1 剖面研究。

讨论的焦点：

1）通过对瞬间动作的刻画（到达、等候的姿态，离开），明确空间之间的转换和空间特征；

2）探讨材料的比例与人体比例和感受；

3）以体系为切入点讨论结构和材料。讨论以体系与空间特征的关联为核心；

4）通过剖面研究，在图纸准确性的基础上，讨论图纸"再现"的问题。

第六周

布置任务：

1）1:1 模型；

2）1:2 模型。

讨论的焦点：

1）明确材料、光线与空间氛围；

2）再次讨论结构的稳定性；

3）再次明确空间氛围是人在行进中的体验，而不是形式的操作；

4）再次明确功能计划与空间氛围。

阶段四 设计成果（第七周）

设计完成阶段：

1）1:1 模型；

2）1:1、1:2 剖面；

3）剖透视；

4）设计说明；

5）模型照片。

1	2	3	4
Week One	Week Two	Week Three	Week Four

阶段一　空间关系

阶段二　空间路径、基本特征

 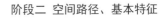

1　模型：一片墙与杆件。墙体大
　　小为 20cm×25cm，其余自定。
2　空间关系解读：依据给定的空
　　间的关系词语，找寻案例和图
　　片，解释空间关系。

1　模型：片墙、杆件和体积
2　文字说明：等候空间设计的功
　　能计划，以及它对空间特征的
　　要求

1　1:2 模型
2　剖面草图研究

1　1:2 模型
2　文字说明

5	6	7
Week Five	Week Six	Week Seven

阶段三 空间瞬间

阶段四 设计成果

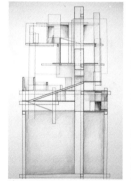

1 1:1 模型

2 1:1 剖面研究

1 1:1 模型

2 1:2 模型

1 1:1 模型

2 1:1、1:2 剖面

3 剖透视

4 设计说明

5 模型照片

学生作业

董晓

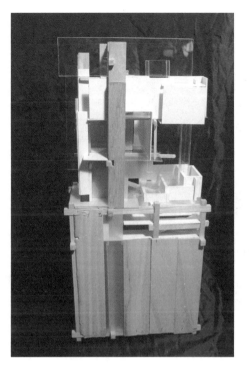

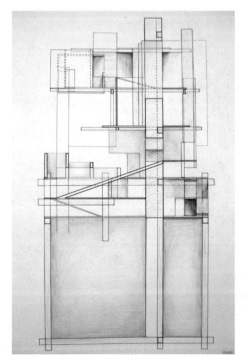

程博

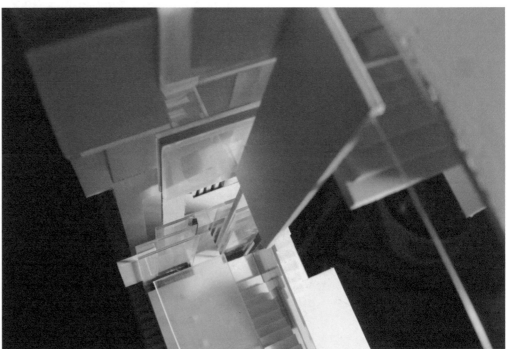

许斯力

赵诗佳

方昱

韩靖

符陶陶

王祯

陈俊舟

杨哲卉   郭韬

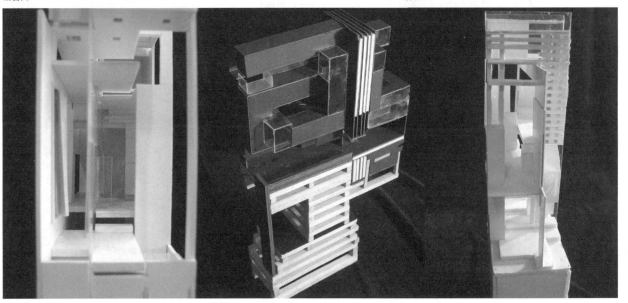

钟声   赵晓世   陈臻

刘卜源

徐帆　　　　　　　　　王尔东

练习 2　再现威尼斯路径

威尼斯 Google 地图

设计任务

再现威尼斯路径
SPACE REPRESENTATION IN THE OPERATIVE ITINERARY

　　教案进入具体场景（威尼斯），首先进行的是路径设计，场地成为设计主导，目的在于引导学生如何从城市的构筑而不是城市现有建筑的立面来理解城市文脉，并如何从中生成设计概念和"再现"场景。它与第一个作业等候空间相同的是，场地是一个三维物质空间。因为威尼斯作为水城，它的城市构筑方式，以及地下、地面、水面与街道、广场和建筑的关系都清晰地表达了场地是一个三维空间。两个练习所不同的是场地在威尼斯所呈现的空间记载了人活动的痕迹，烙刻着时间和记忆。

训练目的

1　以无法到达的场地作为研究对象，探讨文本、影像及其他方式对理解城市的作用；

2　以场地和人的活动作为设计研究的切入点，探讨场所的概念；

3　以立面作为切入点，探讨二维空间的"深度"再现；

4　以街道广场的再现模型，探讨城市空间特征的再现。

教学重点

1　如何完成文献研读和汇报；

2　如何解读城市；

3　如何理解"场所"这个概念；

4　路径选择的理由；

5　如何"再现"城市立面；

6　如何构筑所选定的路径。

成果要求（合作+独立完成）

　　自选两个广场和连接两者的街道或是水路。

1　城市研究报告；（小组合作完成指定研究题）

2　案例分析；（独立完成指定威尼斯的案例，附以自选该建筑师其他作品分析）

3　路径轴测，路径说明；（独立完成）

4　路径立面"再现"片段；（独立完成）

5　路径再现的模型；（独立完成）

6　设计说明。

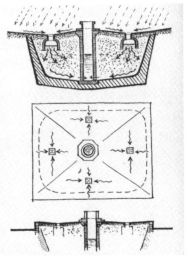

威尼斯的井

解读练习

教案在等候空间之后进入具体场景（威尼斯）。首先进行的是路径设计，它与第一个练习相同的是，场地是一个三维物质空间，所不同的是场地在威尼斯记载了人活动的痕迹，烙刻着时间和记忆。即使是威尼斯的道路，它的名称也可能暗示着这条道路的功能、状态或是其历史的交替。

选取威尼斯这个学生无法亲身体验的城市来研究，似乎违背了常理，因为以往我们一直强调亲身体验的重要性。但在本科五年的教学体系中，场地的选择除了要涉及城市和乡村、临水和坡地等，场地还有另外一个划分体系，即可达和不可达。一个不可达场地对学生的训练，实际上是最大限度地强化了文学、影像和史料研究对场地的认知和设计的重要性。当然将学生"带入"不可达的场地要非常谨慎，无论是资料的翔实和丰富度，还是资料的准确性都要在教案设计中仔细考量。

除了上述考虑之外，整个路径的研究一直想要探讨的是网络（Matrix）和场所（Place）。路径中的广场、街道和水道都是处于一个大的网络中，这个网络外在的表现形式是物质空间的外在表现，而它们其实是处于一个自然环境、历史、事件、社会和文化的网络中，物质空间的存在和演变，其背后的推动力正是这些因素。这些因素共同作用，从而形成了物质空间。而场所的感知，不仅是对物质空间的感知，同时人的活动和行为也是形成场所感的重要组成部分。

练习中关注的焦点：

1　通过文献和影像等方式，理解城市历史、社会、事件与城市物质空间演变之间的关联；
2　城市和建筑的建造方式与自然环境、人的行为和技术之间的关联；
3　寻求解读和再现形式背后的形成逻辑；
4　如何将空间尺度、人的行为、城市和建筑的建造方式和人的感知，通过路径的轴测图、立面和模型再现，而不再只是形式研究。

在再现的过程中，除了强调是再现而不是重现，还需要特别注意空间尺度的准确性。因为是一个不可到达的场地，除了要求学生阅读文献和影像资料，实际上再现威尼斯路径的练习是要求学生仔细阅读城市，为后续的威尼斯的工作室设计做铺垫。

训练分解

阶段一　Landing Experiencing（第一周）

目的：

　　以影像资料、文本阅读、纪录片以及建筑作品为媒介，深入了解城市历史、基本状况和人们的生活方式。

布置任务：

1) 城市研究报告（城市历史、城市建造、建筑、街道、广场、艺术以及历史人物）；
2) 案例分析。

讨论的焦点：

1) 城市地理环境如何影响建造方式；
2) 城市发展的社会和文化因素，如何影响城市建造；
3) 城市不同历史发展阶段比较阅读；
4) 在公共空间和建筑中阅读城市历史的层叠。

阶段二　Experiencing Mapping（第二周）

目的：

　　选择路径，进行空间行为和空间研究。

布置任务：

1) 选择路径；
2) 轴测。

讨论的焦点：

1) 路径中（广场、街道、河道）的空间尺度；
2) 路径中人的行为；
3) 公共空间与私密空间的转换。

阶段三　Mapping Transforming（第三周）

目的：

　　城市界面进一步研究。

布置任务：

1) 立面线图；
2) 立面再现。

讨论的焦点：

1) 立面尺度、比例与地面交接和历史层叠；
2) 立面的空间表达；
3) 人活动、立面之间的关联。

阶段四　Transforming（第四周）

目的：

　　再现城市空间特征，解读 Matrix 和 Place。

布置任务：

1) 路径模型。

讨论的焦点：

1) 空间尺度；
2) 空间特征再现；
3) 人行为对空间特征的影响；
4) 表述 Matrix 和 Place。

1	2	3	4
Week One	Week Two	Week Three	Week Four

阶段一
Landing
Experiencing

阶段二
Experiencing
Mapping

阶段三
Mapping
Transforming

阶段四
Transforming

文本阅读
电影
纪录片
网络

路径选择
轴测研究

立面再现研究

路径再现研究

1 城市研究报告
2 案例分析

选定路径的轴测图
（可截取，但两个广场都要在）

片段立面的表现

路径模型研究

学生作业

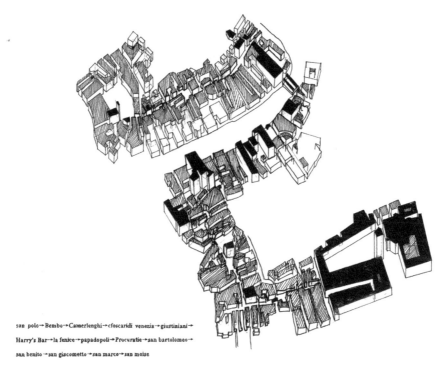

san polo→Bembo→Camerlenghi→cfoscaridi venezia→giustiniani→

Harry's Bar→la fenice→papadopoli→Procuratie→san bartolomeo→

san benito→san giacometto→san marco→san moise

池伟

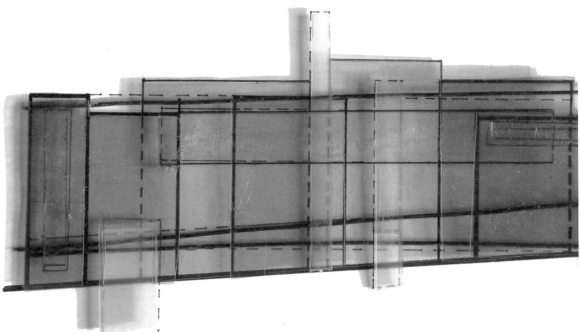

（韩）金珍杓

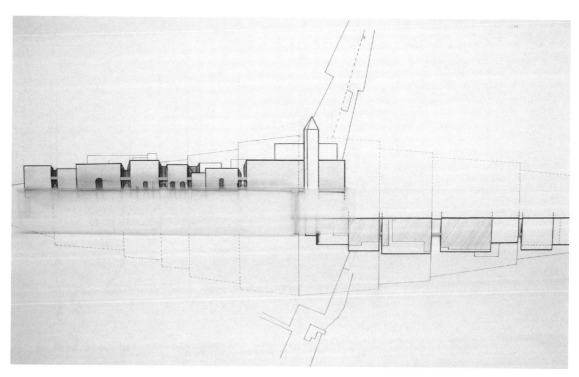

徐驰

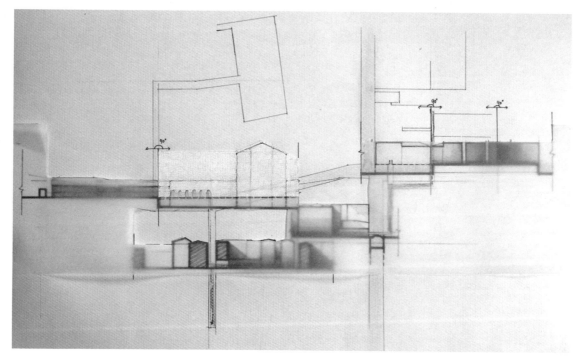

程博

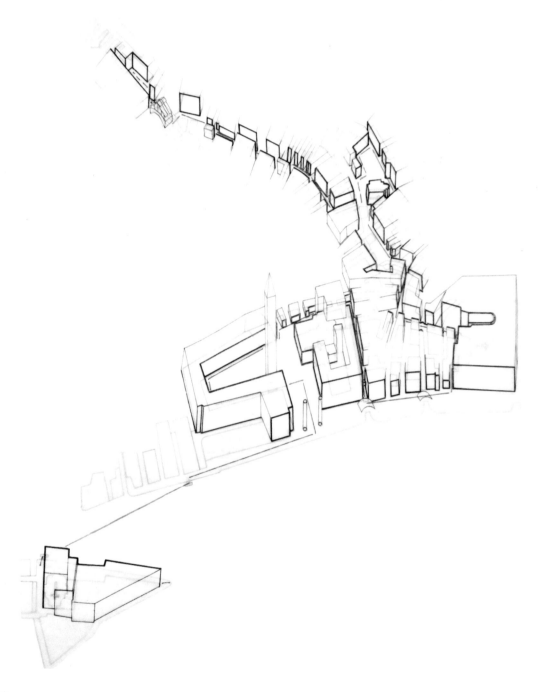

韩靖

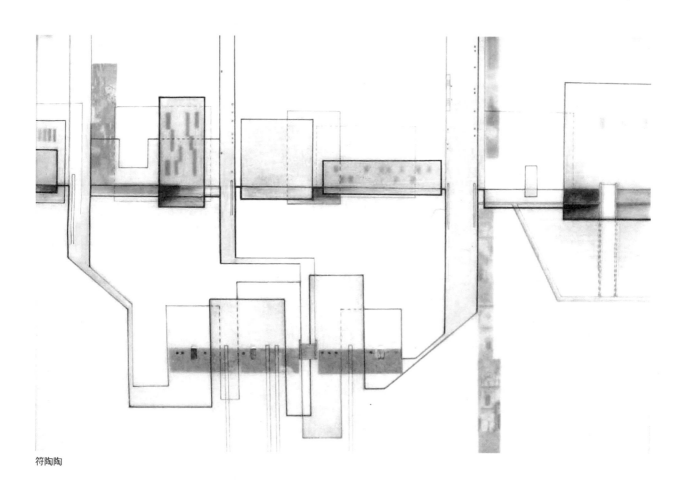

符陶陶

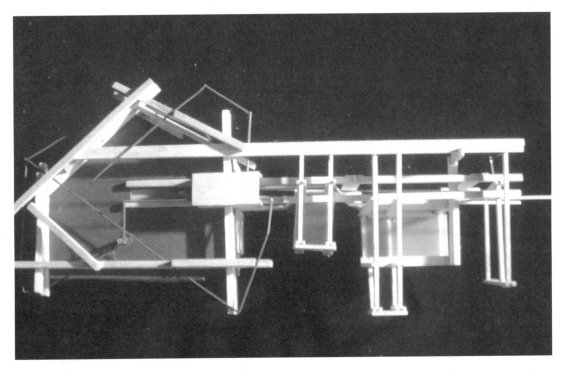

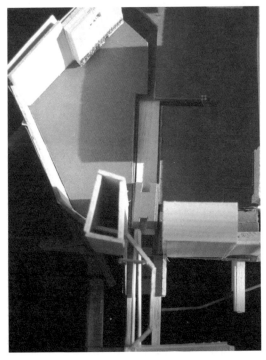

郭韬

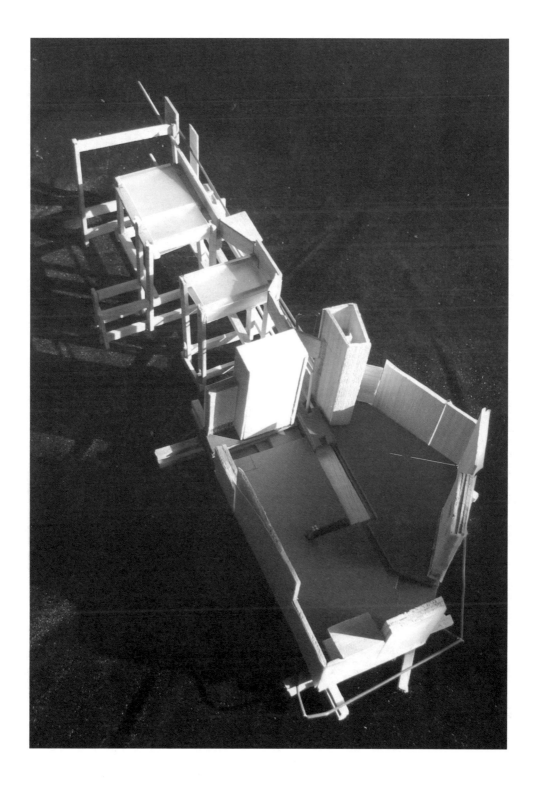

叶静贤

杨洋

2

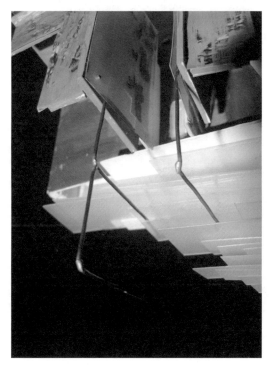

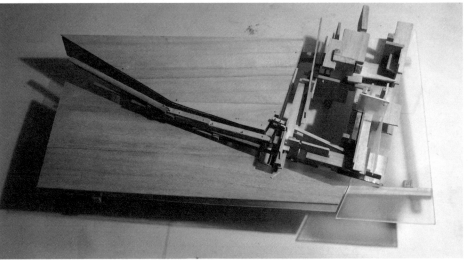

刘柳

2

符陶陶

程博

练习 3　威尼斯的工作室

设计任务

威尼斯的工作室
SPATIAL INTERVENTIONS IN AN OPERATIVE FIELD

上学期教案以具体场景中的具体建筑设计结束。在威尼斯工作室练习中，将建筑置于城市关系中考察，关注城市生活、展示空间、工作生活和居住生活之间的关联，以及依此辅助建立人与人之间的关系。

训练目的

1 培养学生阅读不可到达场地的能力；

2 培养学生阅读城市，在城市关系中明确建筑特征的能力；

3 加强学生对建筑功能计划（Programme）与城市构筑的理解，并以此为出发点确立设计概念。

任务要求

在练习 2 中所选定的路径中任选一块基地，设计工作室。工作室内容为制作油画、面具和地图三者中的一个。

总建筑面积：		800m²
1	居住空间：	
	教师卧室	20m²
	三个学徒卧室	各12m²
2	工作室空间	
	教师工作室	100m²
	学徒工室（3）	40m²
	卫生间	20m²
3	展览空间	100m²
4	会议室	40m²
5	贮藏室	60m²
6	其他公共空间	自定

成果要求

1 1:200 场地模型，1:100 建筑模型，1:50 剖面模型；

2 1:100 平面图、剖面图、立面图；

3 轴测图；

4 设计概念图；

5 设计说明；

6 模型室内透视；

7 室外场景拼贴；

8 文字描述：威尼斯。

练习 2 关于路径的设定，实际上是练习 3 威尼斯工作室的场地研究的一部分。

训练重点

1 在阅读城市的基础上，如何进一步解读基地的特征；

2 如何在城市关系中确立建筑的特性；

3 如何通过功能计划和城市建造方式，建立城市与建筑的关联，以及人与人之间关系。

要素解读

1 功能计划

在练习的设定中，要求工作室内容为下面三类的一种——油画、面具和地图。而它们都是威尼斯历史中重要的组成部分，同时这些功能计划本身都具有多种含义。这三类制作对空间的具体要求和本身具有的特性，都可为功能计划提供源泉。

同时在空间配置上，实际上存在三个基本等级。一是可以融入城市生活的展览空间，二是处于相对私密状态的卧室和卫生间空间，三是处于这两种状态之间的中间状态，老师和学生的工作室空间，它们在不同场景下，可转换成第一类空间或是第二类空间。这三类空间在不同场景和人物设定下，相互之间也可转换。

简而言之，功能计划存在于展示、生产和生活三者的各自场景中，也存在于它们与城市生活的关系中，以及两者的相互关系中。而这种关系，也可间接影响人与人之间的关系，诸如观看展览的人与制作者之间的关系，老师和学徒之间的关系，学徒之间的关系。

2 基地特征

基地的解读需要建立在城市发展的历程中，同时需要关注基地的基本地理特征。一个处于大海环绕的城市，土层的特殊状况，海水不停上涨，这些都与建造相互关联。

在地理环境研究的基础上，将基地放在所选的路径中，对其承担的角色进行分析，其中涉及它在路径中的空间塑造、人的行为和感知，以及公共活动的连续性等方面所承担的角色。

同时，通过基地剖面研究，研究基地周围建筑的界面、人的行为、出入方式、空间开敞方向和空间功能规划，对基地特征进一步界定。

教学进程

训练分解

阶段一 基地调查及案例分析（第一周）

目的：

选择基地，明确基地特征。

第一周

布置任务：

1) 案例分析；
2) 基地周边活动调查；
3) 1:200 基地模型；
4) 1:200 基地剖面。

讨论的焦点：

1) 基地在路径中定位；
2) 基地周边公共活动与场地策略关联；
3) 威尼斯海水涨落对基地的影响；
4) 基地进入的方式。

阶段二 场地策略、空间组织（第二、三周）

目的：

明确城市与建筑关系，明确城市生活与设计之间的关联，明确空间组织方式及其与制作之间的关联。

第二周

布置任务：

1) 1:200、1:100 模型；
2) 1:100 剖面；
3) 1:200 总平面。

讨论的焦点：

1) 从城市角度解读建筑；
2) 公共空间与私密空间的组织方式；
3) 各功能空间的属性重新定义；
4) 制作工作与空间的关联。

第三周

布置任务：

1) 威尼斯文字描述；
2) 1:100 模型；
3) 1:100 平面、剖面；
4) 街景拼贴。

讨论的焦点：

1) 空间关系与人物关系之间的关联；
2) 设计与城市生活之间的关联；
3) 空间特征。

1	2	3	4	5
Week One	Week Two	Week Three	Week Four	Week Five

阶段一
基地调查及案例分析

阶段二
场地策略、空间组织

阶段三
空间塑造及其
细部设计

阶段四
设计成果

1 1:200、1:100、1:50 模型

2 1:100 平面图、剖面图、立面图

3 轴测图

4 设计概念图

5 设计说明

6 模型室内透视

7 室外场景拼贴

8 文字描述：威尼斯

1 案例分析

2 基地周边活动调查

3 1:200 基地模型

4 1:200 基地剖面

1 1:200、1:100 模型

2 1:100 剖面

3 1:200 总平面

1 威尼斯文字描述

2 1:100 模型

3 1:100 平面、剖面

4 街景拼贴

1 1:50 剖面模型

2 1:200 模型

3 1:100 平面

阶段三　空间塑造及其细部设计（第四周）

目的：

　　明确空间相互关系及其氛围。

第四周

布置任务：

1）　1:50 剖面模型；

2）　1:200 模型；

3）　1:100 平面。

讨论的焦点：

1）　再次确定场地策略；

2）　确认空间相互关系；

3）　确认空间氛围。

阶段四　设 计 成 果（第五周）

设计成果表达：

1）　1:200 场地模型，1:100 建筑模型，1:50 剖面模型；

2）　1:100 平面图、剖面图、立面图；

3）　1:100 轴测图；

4）　设计概念图；

5）　设计说明；

6）　模型室内透视；

7）　室外场景拼贴；

8）　文字描述：威尼斯。

学生作业

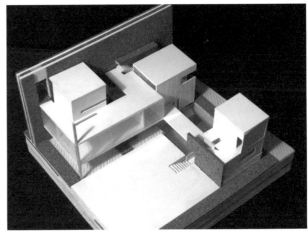

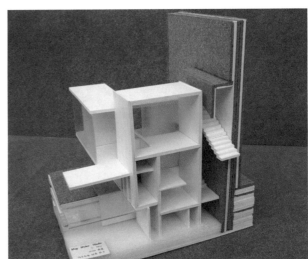

曹含笑

张速

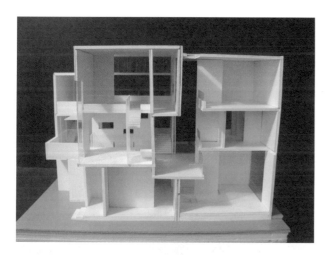

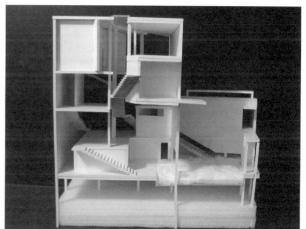

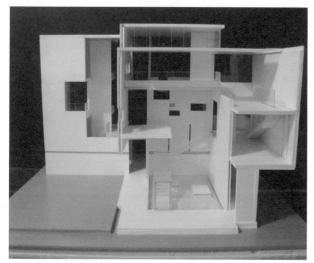

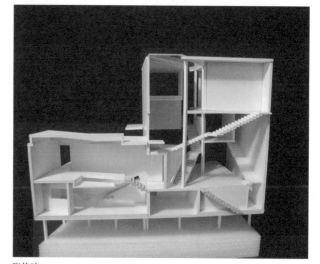

蓝楚雄　　　　　　　　　　　　　张佳玮

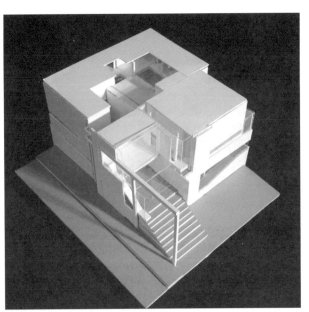

杨洋

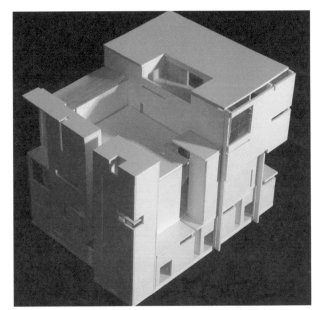

刘卜源

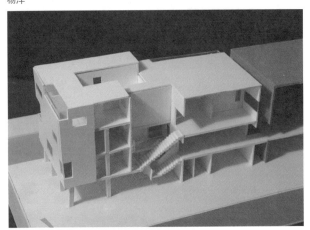

刘涓研

邹明溪

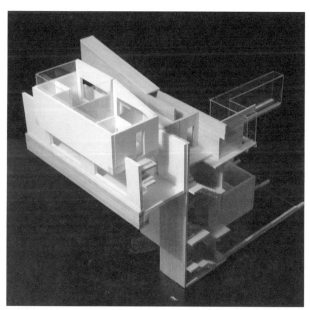

吴宇聪

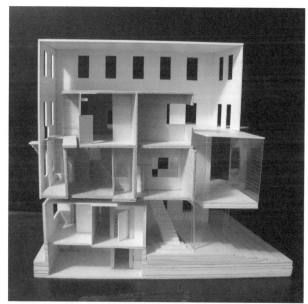

许斯力

（韩）金珍杓

王尔东

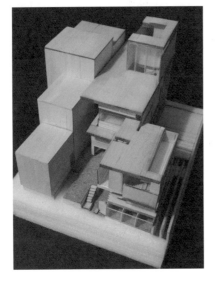

赵诗佳

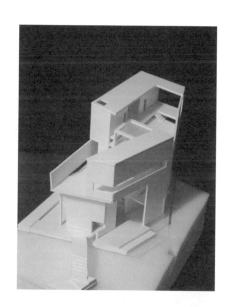

董晓

郭韬

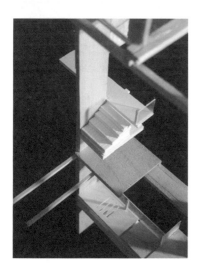

钟声

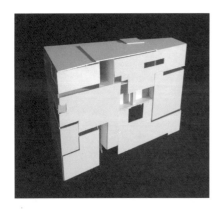

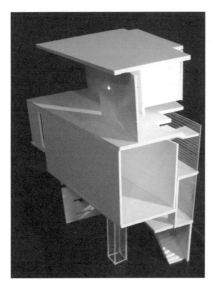

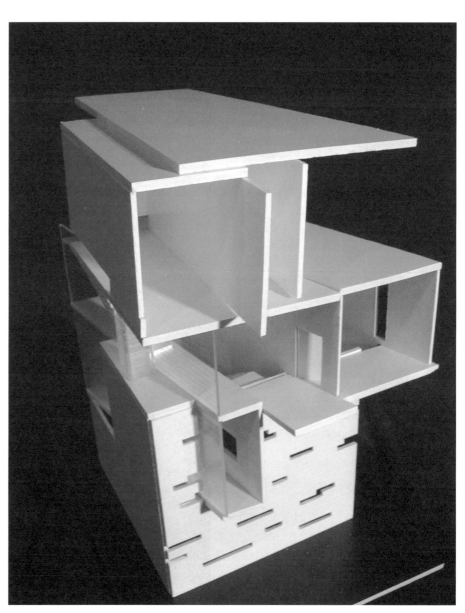

赵建豪

方昱

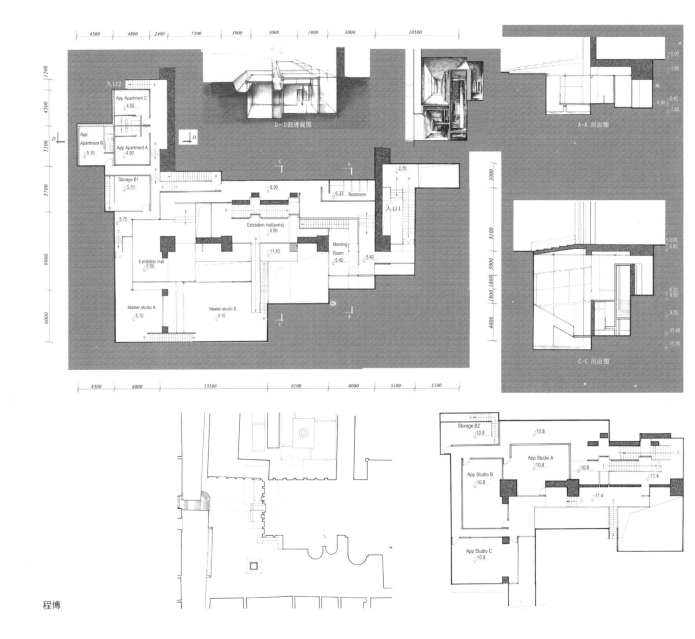

D−D剖透视图

A-A 剖面图

C-C 剖面图

入口2

App Apartment C
-4.50

App
Apartment B
-5.10

App Apartment A
-4.50

Storage B1
-5.70

-5.70

Exhibition Hall
-6.60

Master studio A
-5.10

Master studio B
-8.10

-6.30

-11.40

Exhibition Hall(extra)
-6.90

-6.33 Restroom

入口1

Meeting
Room
-5.40

-5.40

2.70

Storage B2
-10.8

-10.8

App Studio A
-10.8

App Studio B
-10.8

-10.8

-11.4

-11.4

App Studio C
-10.8

程博

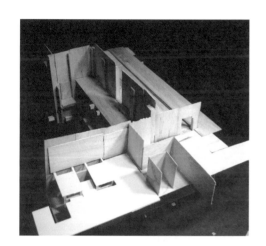

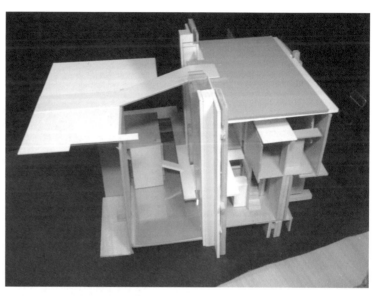

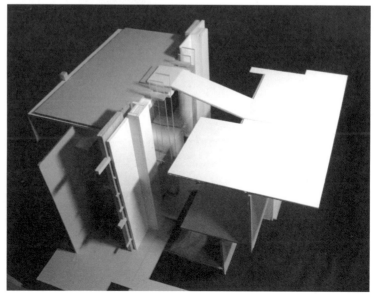

96

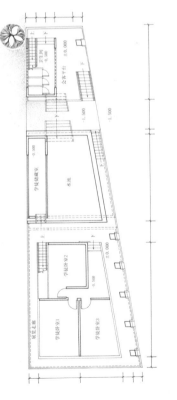

韩靖

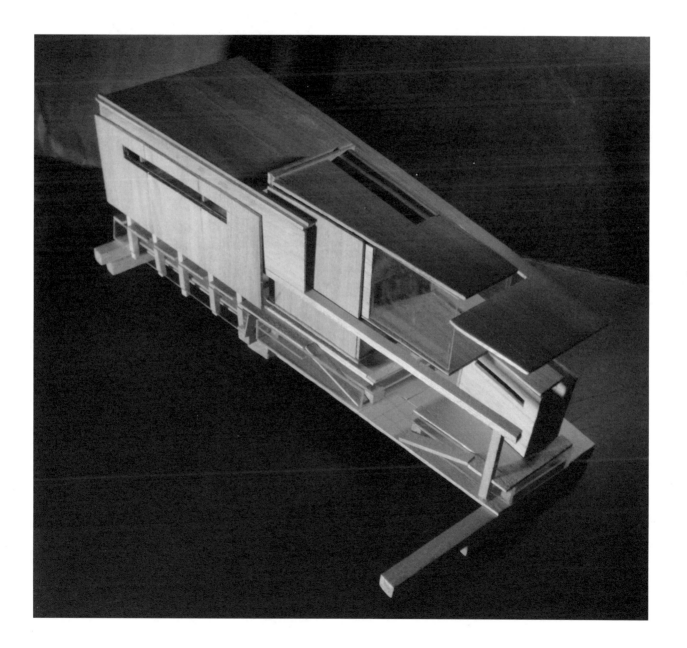

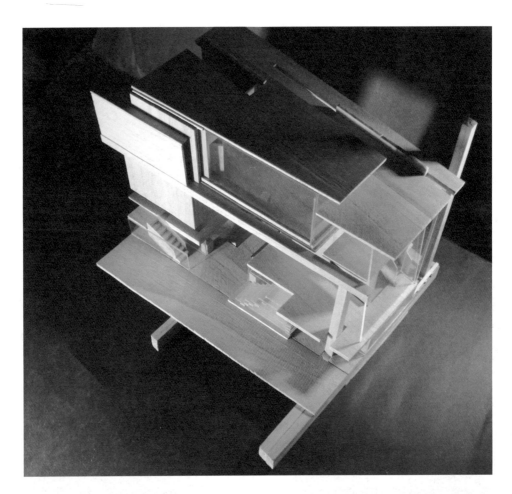

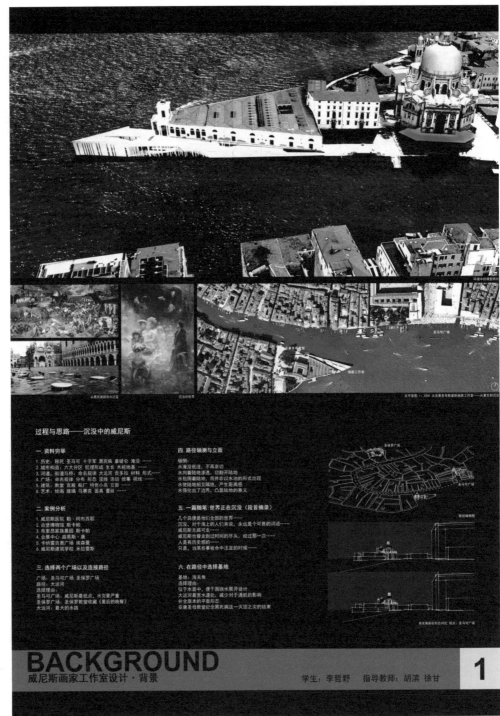

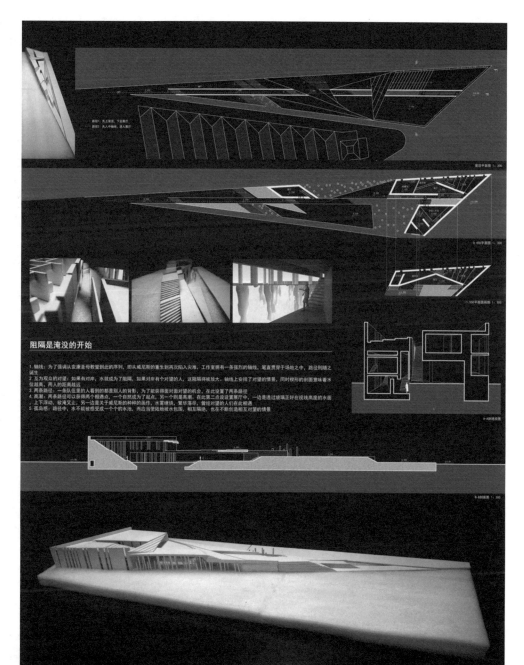

阻隔是淹没的开始

1. 轴线：为了强调从安康圣母教堂到此的序列，即从威尼斯的重生到再次陷入灾难，工作室测有一条强烈的轴线，笔直贯穿于场地之中，路径到随之诞生
2. 互为观众的对望：如果有对岸，水就成为了阻隔，如果对岸有个对望的人，这阻隔将被放大。轴线上安排了对望的情景，同时梯形的剖面意味看水位越高，两人的距离越远
3. 两条路径：一条队伍里看到的都是别人的背影，为了能获得面对面对望的机会，在此设置了两条路径
4. 高潮：两条路径可以获得两个观景点，一个自然成为了起点，另一个则是高潮。在此第二点设设置展厅，一边是透过玻璃正好在视线高度的水面，上下浮动，欲淹又止，另一边是关于威尼斯的种种画作，水繁缠绕、繁华落尽，曾经对望的人们在此相遇
5. 孤岛感：路径中，水不能被感受成一个个的水池，两应当使站地被水包围，相互隔绝，也在不断创造相互对望的情景

CONCEPTION
威尼斯画家工作室设计·概念

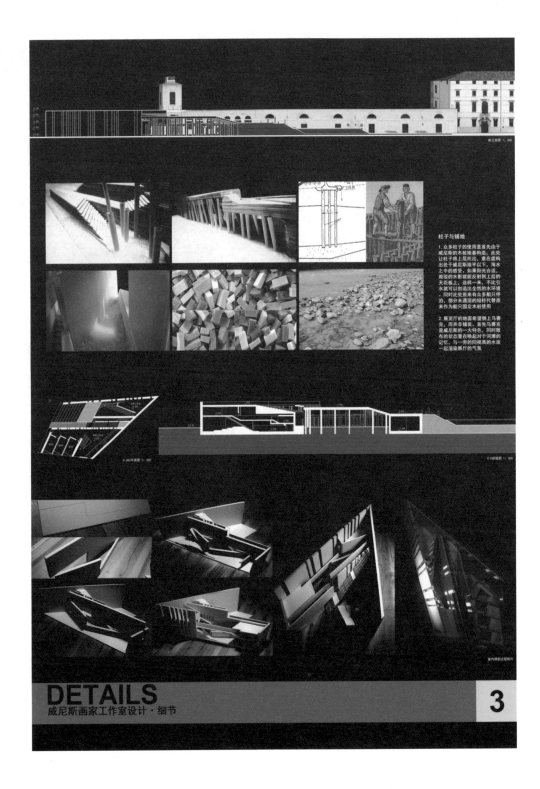

柱子与铺地

1.众多柱子的使用是首先由于
威尼斯的木桩施基构造，此处
让柱子将上层托出，意在虚构
出处于威尼斯地平以下，海水
之中的感受。如果阳光合适，
现驳的水影就能反射到上层的
天花板上，这样一来，不比引
水就可以创造出全然的水环境
。同时此处必承来有众多粗坊伴
沿，部分未通顶的短柱杜代替原
来作为柱只固定木桩使用

2.展览厅的地面希望倒上马赛
克，同井非铺装。首先马赛克
是威尼斯的一大特色，同时散
布的状态意在端起对于河滩的
记忆，与一旁的同视高的水面
一起渲染展厅的气氛

DETAILS
威尼斯画家工作室设计·细节

3

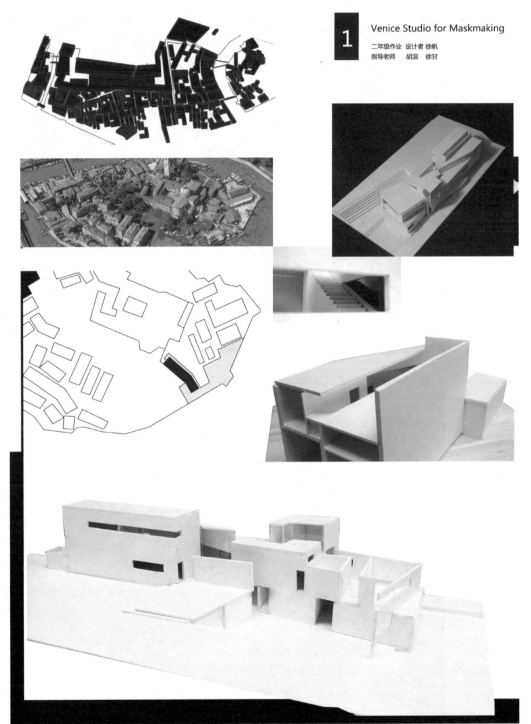

Venice Studio for Maskmaking

二年级作业 设计者 徐帆
指导老师 胡滨 徐甘

徐帆

Venice Studio for Maskmaking

二年级作业 设计者 徐帆
指导老师 胡滨 徐甘

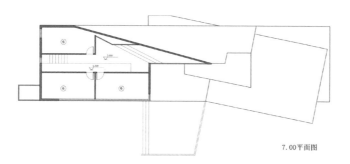

7.00平面图

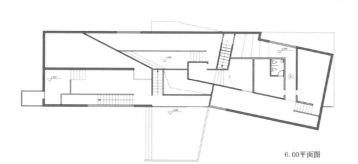

6.00平面图

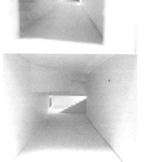

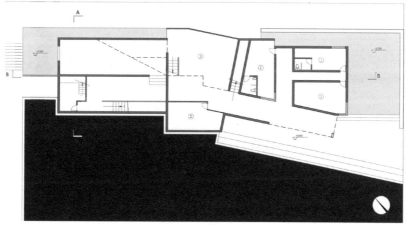

1.00平面图

1. Apprentice bedroom
2. Storage
3. Exhibition room
4. Meeting room
5. Master studio(including one bathroom)

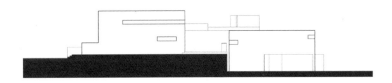

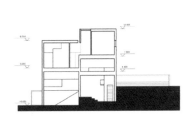

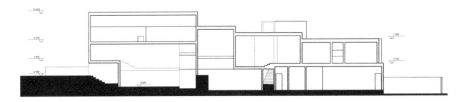

练习 4　光与展品的回响

设计任务

光与展品的回响
ECHO OF LIGHT WITH OBJECTS

　　教案进入"天空之下",以光、雨和水为切入点,讨论其蕴含的社会涵义及其对空间结构、空间特征以及空间建造的影响。练习以光与展品的回响开始。

训练目的

1　理解光线塑造空间的作用;
2　建立行为与空间氛围的关联;
3　建立空间特征与细部设计之间的关联。

任务要求

　　选取上海博物馆四类展品(金属、木质、石材、中国书画)中的一件展品,为之设计一展示空间,空间大小不限,要求有到达、观看和离开的空间序列。基地自定,以有助塑造展示空间的特征为目标。

成果要求

1　1:50、1:20 模型;
2　1:200 总平面,1:50 平面、剖面、立面,1:20 剖面;
3　A2 室内空间照片(模型);
4　设计说明、原物照片和尺寸;
5　展品的研究报告。

Rafael Moneo, Roman Arts Museum

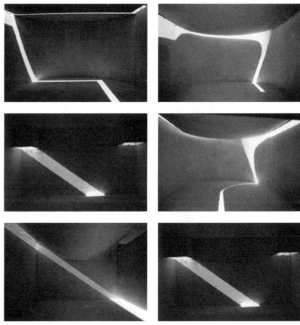

Steven Holl 光线研究

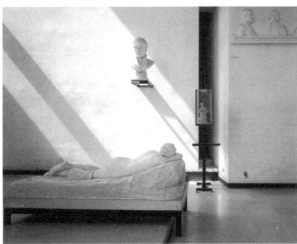

Carlo Scarpa, Giardino delle Sculture

Steven Holl, Chapel of St. Ignatius

解读练习

教案进入练习4之后,问题讨论的焦点从大地开始,转换到天空之下。建筑处于天空之下,是建筑的另外一个基本特征。训练将从光线与空间的关联开始。

训练重点

1　光线研究;

2　展品研究;

3　光线、展品、场地和空间的关联;

4　光线、展品和观看之间的关联;

5　人的行为、光线和展品之间的关联。

要点解读

1　关于光线的研究:

1)　光线作为实体;

　　Light as a body

2)　光线作为传感器;

　　Light as a sensor

3)　光线与洞口;

　　Light with cutting (cutting and materials)

4)　光线与影子;

　　Light with shadow

5)　光线与空间。

　　Light with space (depth and connection)

2　关于展品研究:

1)　展品的整体与局部;

2)　展品的材料特征和制作过程;

3)　展品的历史和创作背景;

4)　展品制作者的背景。

3　关于光线、展品、场地和空间的关联:

1)　场地特征、空间特征与展品的关联;

2)　光线如何表现展品;

3)　场地特征与光线特质。

4　关于展品、观看和光线之间的关联:

1)　展品的展出方式;

2)　不同观看的方式;

3)　观看与展品整体与局部的关联;

4)　观看与空间距离及其光线的关联。

5　关于人的行为与光线和展品的关联:

1)　进入场地和空间的序列与光线之间的关联;

2)　人在空间中的不同动作与光线之间的关联;

3)　空间特征与展品之间的关联;

4)　人在空间中的不同动作与展品之间的关联。

阶段一　光的研究（第一、二周）
目的：

　　作为热身和前期研究工作，研究光线与展品的特征，光线与空间，光线与材料。

第一周
布置任务：

1) 照片与文字描述光与雨；
2) 光的装置模型。

讨论的焦点：

1) 光线的不同特质；
2) 光线的物理特性；
3) 光线与材料。

第二周
布置任务：

1) 光线与空间的模型；
2) 选择展品。

讨论的焦点：

1) 光线与空间之间的关联；
2) 光线与材料；
3) 光线与人行为之间的关联。

阶段二　场地、展品与光线（第三、四周）
目的：

　　研究展品特征，包括其制作和材料，以及从特征出发明确观看方式。并且选择基地，明确展品与场地、光线三者之间的关联。

第三周
布置任务：

1) 展品的历史文献及其特征研究；
2) 场地选择，Google 地图确认；
3) 光线与展品的概念模型。

讨论的焦点：

1) 展品的特征及其制作方式；
2) 展品的展出方式；
3) 展示空间的尺度与观看；
4) 场地特征。

第四周
布置任务：

1) 1:50 模型；
2) A3 模型内部空间照片；
3) 1:20 节点剖面。

讨论的焦点：

1) 光线与展品；
2) 空间序列、空间氛围与材料；
3) 空间与构筑之间的关联。

阶段三　行为、空间与展品及其细部设计
（第五、六周）

目的:

行为、光线与展品之间的关联。

第五周

布置任务:

1) 1:20、1:50 模型;

2) 1:50 平面、剖面;

3) A2 模型内部空间照片;

4) 文字描述。

讨论的焦点:

1) 不同行为与空间序列;

2) 观看与展品;

3) 光线与展品;

4) 材料构筑与空间氛围，材料在光线下的表现。

第六周

布置任务:

1) 1:50 模型;

2) 1:20 节点剖面;

3) A2 模型内部空间照片。

讨论的焦点:

1) 展品的展示方式与空间之间的关联;

2) 展示空间的氛围;

3) 空间与构筑之间的关联。

阶段四　设计成果（第七周）

设计成果表达:

1) 1:50、1:20 模型;

2) 1:200 总平面，1:50 平、立、剖面，1:20 剖面;

3) A2 室内空间模型照片;

4) 设计说明、研究报告。

1	2	3	4
Week One	Week Two	Week Three	Week Four

阶段一 光的研究　　　　　　　　　　　　阶段二 场地、展品与光线

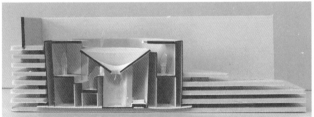

1 照片与文字描述光与雨
2 光的装置模型

1 光线与空间的模型
2 选择展品

1 展品的历史文献及其
　 特征研究
2 场地选择，Google 地图确认
3 光线与展品概念模型

1 1:50 模型
2 A3 模型内部空间照片
3 1:20 节点剖面

阶段三 行为、空间与展品及其细部设计　　　　阶段四 设计成果

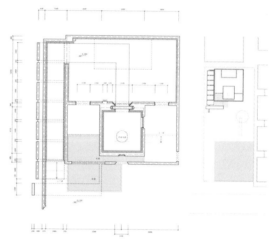

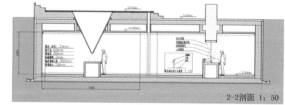

2-2剖面 1：50

1　1:20、1:50 模型
2　1:50 平面、剖面
3　A2 模型内部空间照片
4　文字描述

1　1:50 模型
2　1:20 节点剖面
3　A3 内部空间照片

1　1:50、1:20 模型
2　1:200 总平面，1:50 平面、剖面、立面，1:20 剖面
3　A2 室内空间模型照片
4　设计说明
5　展品的研究报告

学生作业

朱治中 　　　　　　　　　　　　　　呂浩然

卞雨晴

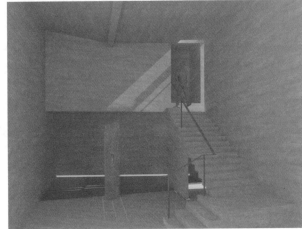

尤玮　　　　　　　　　　　　　　　　　周兴睿

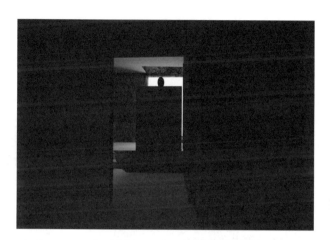

朱静宜

妥朝霞

陈迪佳

唐韵

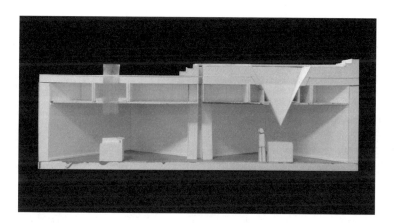
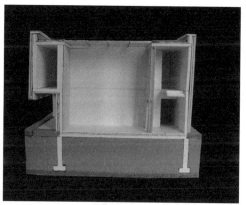

刘旭

刘奇

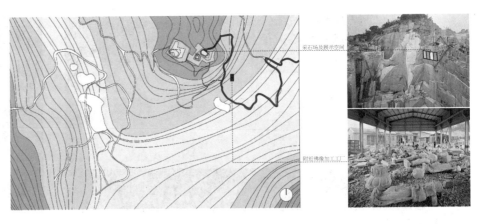

采石场及展示空间

附近佛像加工工厂

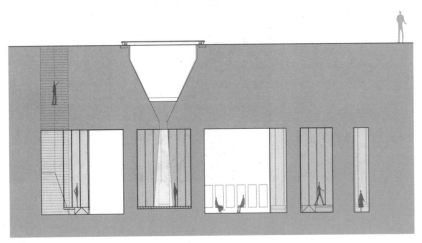

王轶

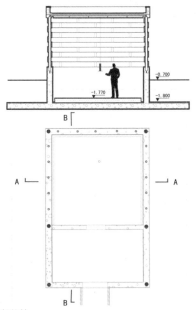

-0.700

-1.770

-1.800

B

A ——| |—— A

B

胡佳林

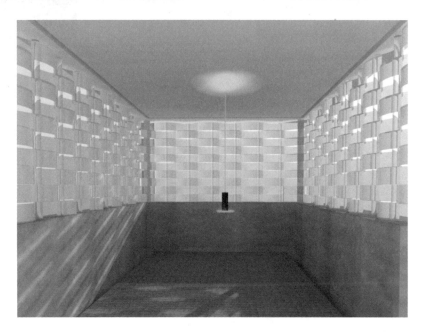

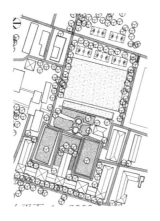

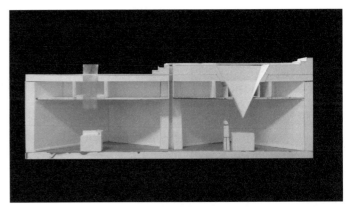

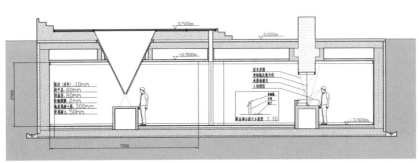

刘旭

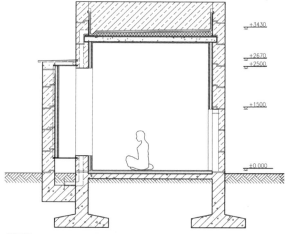

吴雨禾

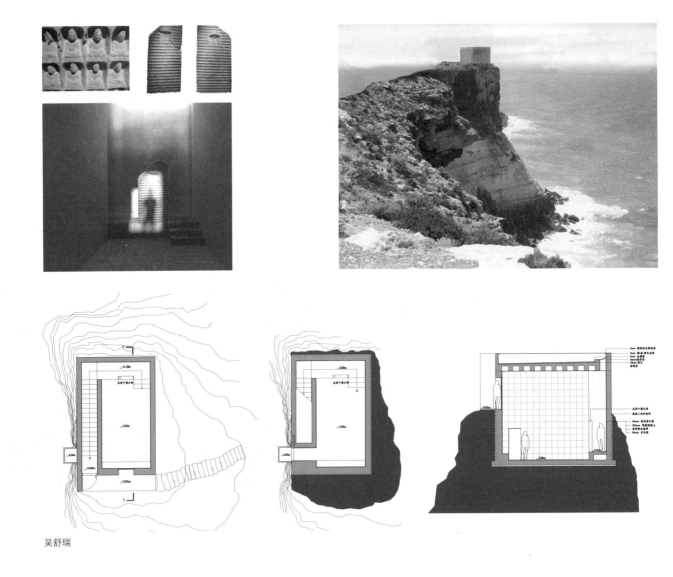

吴舒瑞

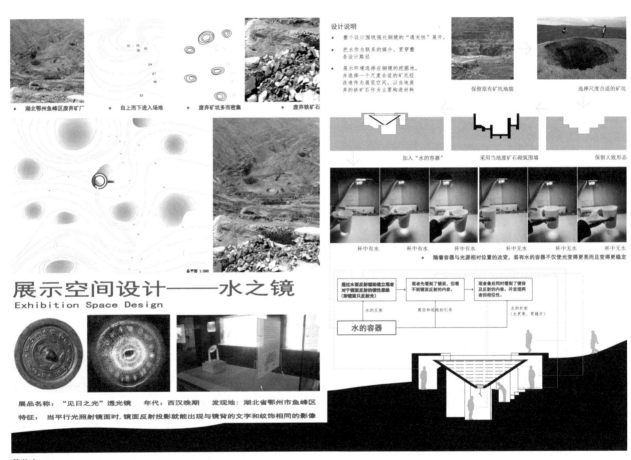

- 湖北鄂州鱼峰区废弃矿厂
- 自上而下进入场地
- 废弃矿坑多面密集
- 废弃铁矿石

总平面 1:500

设计说明

- 整个设计围绕强化铜镜的"透光性"展开。
- 把水作为联系的媒介，贯穿整条设计路径
- 展示环境选择在铜镜的挖掘地，并选择一个尺度合适的矿坑经改造作为展览空间，以当地废弃的铁矿石作为主要构造材料

保留原有矿坑地貌

选择尺度合适的矿坑

加入"水的容器"

采用当地废弃矿石砌筑围墙

保留大致形态

杯中有水　杯中有水　杯中有水　杯中无水　杯中无水　杯中无水

- 随着容器与光源相对位置的改变，装有水的容器不仅使光变得更亮而且变得更稳定

通过水面反射辅助确立观者对于镜面反射的惯性思维（即镜面只反射光）

观者先看到了镜面，但看不到镜面反射的内容

观者最后同时看到了镜背及反射的内容，并发现两者的相似性

水的反射

路径和视线的引导

水的折射（光更亮，更稳定）

水的容器

展示空间设计——水之镜
Exhibition Space Design

展品名称："见日之光"透光镜　年代：西汉晚期　发现地：湖北省鄂州市鱼峰区
特征：当平行光照射镜面时，镜面反射投影就能出现与镜背的文字和纹饰相同的影像

黄艺杰

展示空间设计 – 水之镜
Exhibition Space Design

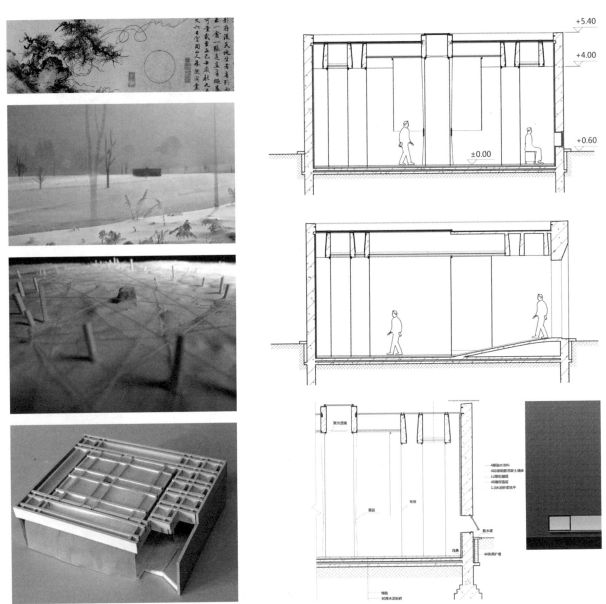

王雨林

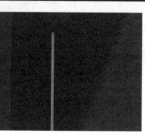

张灏宸

4

练习 5　渔梁村的公共活动中心

安徽 渔梁村

设计任务

渔梁村的公共活动中心
INTERACTION OF PUBLIC ACTIVITIES

练习进入渔梁村落，光线、雨水因其地域文化和社会状况而具有特殊的含义。同时，乡村作为中国社会的重要组成部分，有其重要性。而乡村的现实状况十分复杂。以乡村为切入点，解读社会、经济和建筑空间的相互关联，是练习的重要部分。

训练目的

1　强调研究是设计的基础，强化学生自主分析和判断能力的培养；

2　强化空间与自然（光、雨、水）在物质层面和社会层面上的关联；

3　强化空间的想象和塑造能力，强调空间概念与空间建造之间的关联，强调建造方式与社会、经济以及日常生活之间的关联；

4　了解中国农村生活状态和现实农村问题。

任务要求

在渔梁村落的三块基地中，任选一地块设计一个公共活动中心，具体功能计划自定。

建筑面积为基地面积 2 倍，可调范围为 5%。

成果要求

1　1:200 基地模型，1:100、1:50 模型；

2　1:20 节点，1:50 平、立、剖面，1:200 总平面；

3　A2 模型室内照片，街景或河景拼贴照片；

4　散文体描述"渔梁"；

5　设计说明；

6　关于"场所"小论文；

7　案例分析报告。

基地 1   基地 2   基地 3

解读练习

教案以具体场景中的具体建筑设计结束，将空间的叙事性和"制作"（材料和建造）之间的关联放在真实场地中进行考察。

选址徽州渔梁村，主要是由于雨和水对渔梁村在物质和精神层面上都具有特殊的意义。教案一方面将它们与光的训练结合，再次阐述和强调自然环境和建筑空间之间的关联；另一方面推进学生对场所的认知，引入乡村生活，希望摆脱以形式要素为主导来分析场所特征。同时，将功能计划设定为学生基地分析的结果，而不是由任务书的假定。

在基地地块的选择上，原则上要求地块具有独特特征，同时具有历史信息。地块1位于村落空间结构的重要节点（狮子亭）旁，面向村落的主街，原为商铺，现为住宅。地块2毗邻小学校，原是祠堂，在新中国成立后改为粮仓，现状留有"文革"的历史痕迹。在20世纪90年代发展乡村经济的浪潮中改为工厂，现为仓库。地块3位于村落的百步云梯旁，临近渔梁坝和河滩。历史上是村落重要事件"九月亮船会"的必经之路，现为游客去渔梁坝的重要通道。

训练重点

1　基地的特征分析与功能计划之间的关联；

2　雨、水与场所精神的关联，与空间特征的关联；

3　细部设计与空间特征之间的关联；

4　空间组织关系和人与人之间关系的建立；

5　精确的平、立、剖面的表达，空间特征的表达。

要点解读

1　雨、水对村落空间结构的影响。

建筑处于天空之下，在承载光线之外，同时还受到雨、水和风的影响。在徽州地区，一方面由于风水理论的影响，村落的选址多位于河流旁边。河流成为村落空间结构的重要组成部分；另一方面水对村民意味着财富和子孙。因此，水在物质空间和社会层面上对徽州地区都很重要。

而渔梁与其他村落的差异在于渔梁坝的存在，以及村落的空间结构中第二条水系的存在，它连接着村落北面的山与南面的河。

2　雨、水的社会涵义如何影响空间设置和细节设计。

基于水的社会意义，无论是村落布局，还是建筑空间，甚至是排水系统，都以隐藏水的出口为目的，目的是把水留在住宅和村落里，这意味着多子多财。

在住宅里，天井是雨、水的表演舞台。天井的蓄水功能不仅与屋顶有关联，同时与天井的排水口设置有关。

在村落里，从排水口设计到村落的排水系统都存在着藏水的理念。

3 村落发展历史与村落的空间结构之间的关联。

村落的区域位置和交通方式的改变决定了村落的性质和发展趋势，因而也影响着其空间布局。

渔梁村距离古徽州城约 1 公里，四条河流在此汇聚，是徽州地区连接外界的门户。在古代，当地以水路交通为主，渔梁优越的地理环境决定了它不是传统的以农耕为主的村落，而是一个商贸的中转站。村落的这个特性，也决定了村落里以狮子亭为分界的两侧的公共空间性质、村民身份、住宅的规模、空间布局以及建筑细部之间的差异。

而当交通方式改以公路交通为主时，渔梁村地理位置的重要性消失，其在区域的经济地位也随之下降，这些导致村落的衰败，而这些变化也改变了村落的社会结构。新中国成立后，土地等的再分配和破"四旧"，也使作为村落的社会基础——宗族制度消失。而后历经乡村经济浪潮和目前的房产浪潮，这些变化也在影响村落的空间结构、人员构成、经济状况和日常生活。

因而对村落建立、发展和现状的解读是设计的原点。

4 自定公共活动中心功能。

练习要求自定所选地块的功能计划。这样的设定是要求在历史阅读中明确基地的特征，同时要求学生充分理解村落的现实背景，在当前的经济和社会背景下，设定空间的功能计划。将功能计划设计的前提条件从原来的空间的使用需要、建立空间内部人与人的关系，推进到考察城市或是村落的社会和经济需求。

5 空间建造。

在光与展品的练习中，空间的建造是基于空间氛围的需求和材料的建造逻辑。将学生引到乡村，目的是建立一种思考：建造在基于材料之外，还基于经济状况和日常生活所需。

渔梁是个人群混杂的村落，不仅有富裕的大户人家，也有以做船工和挑夫为生的普通人家。在乡村，即使是一堵砖砌围墙，它不是基于追求丰富的建筑肌理变化而建造的，而是基于经济条件。普通人家在保证墙体稳定的基础上，用最节省的方式砌筑，这样才决定了建造的表面肌理。同时，为防止村民在日常生活中诸如赶牲畜和挑货物破坏墙体，在临近主街的建筑转角设有角石，而这是基于村民的日常生活。即使是沿河踏步，它的建造方式也与运输和搬运货物密切相关。

只有在日常生活、经济状况、空间氛围、材料特性的综合考察中去解读建造，才能正确理解设计与建造之间的关联。

教学进程

训练分解

阶段一　基地调查及分析（第一、二周）

目的：

　　进行现场基地调研，理解乡村社会和生活，明确渔梁村和基地特征，明确功能计划。

第一周	第二周
布置任务：	**布置任务：**

第一周

布置任务：

1) 基地现场调研；

2) 历史文献阅读；

3) 现场调研 PPT 汇报；

4) 基地测绘。

第二周

布置任务：

1) 案例分析；

2) 关于 Place 的文献阅读；

3) 基地分析；

4) 基地功能计划；

5) 场地模型：1:200。

讨论的焦点：

1) 通过地方志和地图的阅读，解读村落发展与空间演变之间的关联；

2) 村落与徽州城在空间和经济之间的关联；

3) 村落的建造与自然环境之间的关联；

4) 村落在进入序列、巷道和节点的空间体验；

5) 村落中各种人（村民和游客）的活动，包括日常活动、社区活动、生产活动和经济活动；

6) 村落建筑的建造逻辑。

讨论的焦点：

1) 在现实状态下，介入村落的态度和策略；

2) 基于社会和经济状态，以及基地特殊性的限定，明确功能计划；

3) 从场地剖面详细解读基地特征，明确基地周围人的活动特征，从而为基地在村落公共体系中定位。

阶段二　场地策略（第三、四周）

目的：

　　明确场地策略、空间开敞方向、空间属性以及路径。

第三周

布置任务：

1) 1:200 模型；
2) 1:200 场地剖面。

第四周

布置任务：

1) 1:100 平面图；
2) 1:100 模型，路径表达；
3) 文字描述渔梁；
4) 设计说明。

讨论的焦点：

1) 村落与建筑关系；
2) 周边建筑、人的活动与空间之间的关联；
3) 解读地形高差变化，从剖面研究设计策略；
4) 再次审视和阅读现存建筑及其基地历史。

讨论的焦点：

1) 空间之间的关联；
2) 平面布局的有效性；
3) 文字与设计的相互辅助，进一步明确设计策略。

阶段三　空间塑造及其细部设计（第五至第八周）

目的：

　　设计进入仔细刻画阶段。在梳理流线与功能布局之外，强调空间氛围的塑造，以及建造与空间氛围的密切关联。设计在不同尺度模型、不同比例图纸之间转换，以期在细部刻画的同时，再次审视场地策略和村落的关联。

第五周

布置任务：

1) 1:100 模型；

2) A3 内部空间照片；

3) 街景拼贴照片。

讨论的焦点：

1) 空间尺度与氛围；

2) 建筑在街景中承担的角色；

3) 建筑材料和建造的初步讨论。

第六周

布置任务：

1) 1:50 模型；

2) 1:20 节点剖面；

3) A3 内部空间照片。

讨论的焦点：

1) 空间氛围与建造之间的关联；

2) 结构、材料的选择与村落的状态、空间特征之间 的关联。

第七周

布置任务：

1) 1:200 模型；

2) 1:100 平面、剖面；

3) 街景拼贴；

4) 文字描述空间。

讨论的焦点：

1) 场地策略与空间之间的关联；

2) 空间的流线与有效性；

3) 空间的二次限定、家具布置如何与空间特征相互关联。

第八周

布置任务：

1) 1:50 模型；

2) 1:20 节点剖面；

3) A3 内部空间照片；

4) 1:100 平面、剖面。

讨论的焦点：

1) 再次确认空间与细部设计之间的关联；

2) 再次确认空间氛围；

3) 再次确认空间的流线与有效性。

阶段四　设计成果（第九周）

设计成果表达：

1) 1:200 基地模型，1:100、1:50 模型；

2) 1:20 节点，1:50 平、立、剖面，1:200 总平面；

3) A2 模型室内照片，街景或河景拼贴照片。

152

1	2	3	4
Week One	Week Two	Week Three	Week Four

阶段一 基地调查及分析 阶段二 场地策略

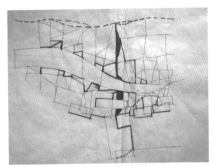

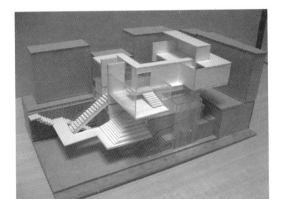

1 基地现场调研

2 历史文献阅读

3 基地测绘

1 案例分析

2 关于 Place 的文献阅读

3 基地分析

4 基地功能计划

5 1:200 场地模型

1 1:200 模型

2 1:200 场地剖面

1 1:100 平面图

2 1:100 模型，路径表达

3 文字描述渔梁

4 设计说明

段三 空间塑造及其细部设计   阶段四 设计成果

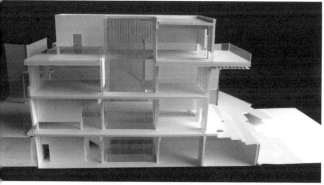

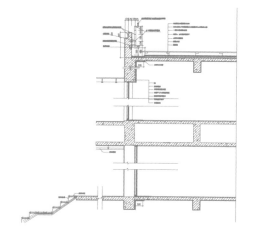

:100 模型
3 内部空间照片
景拼贴照片

1 1:50 模型
2 1:20 节点剖面
3 A3 内部空间照片

1 1:200 模型
2 1:100 平面、剖面
3 街景拼贴
4 文字描述空间

1 1:50 模型
2 1:20 节点剖面
3 A3 内部空间照片
4 1:100 平面、剖面

1 1:200 基地模型，1:100、1:50 模型
2 1:20 节点，1:50 平、立、剖面，
  1:200 总平面
3 A2 模型室内照片，街景或河景拼贴
  照片

学生作业

徐明超

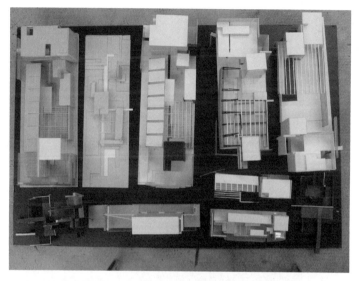

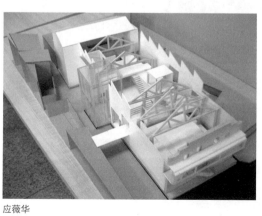

应薇华

张怡

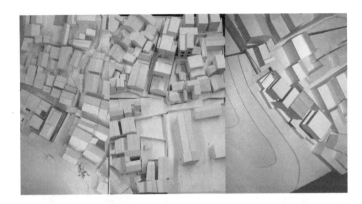

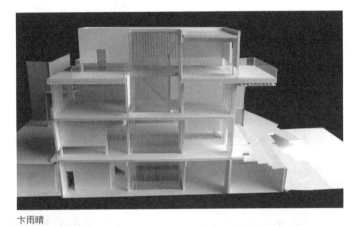

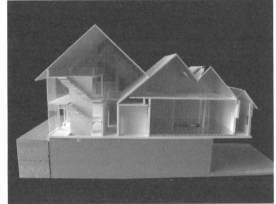

张弛

卞雨晴

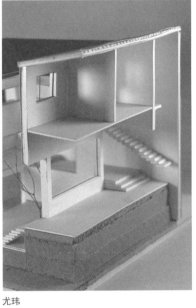

朱治中

尤玮

王轶

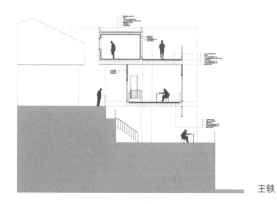

贴告示是村里通知重要事务的
主要途径之一，人们通过看告
示得知村里大大小小的事务，
也会相互交流

当地居民经常将自家的竹笋、
黄豆等拿到公共场合晾晒，面
对江面的沿江民居往往设置有
晒台

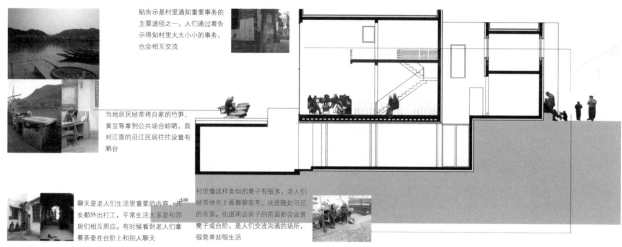

聊天是老人们生活里重要的内容，尤
女都外出打工，平常生活大多是和邻
居们相互照应。有时候看到老人们拿
着茶壶在台阶上和别人聊天

村里像这样类似的凳子有很多，老人们
经常坐在上面聊聊家常，这是随处可见
的画面。街道两边房子的前面都会设置
凳子或台阶，是人们交流沟通的场所，
很简单却很生活

罗琳琳

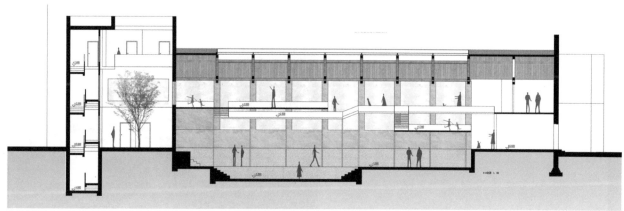

胡佳林

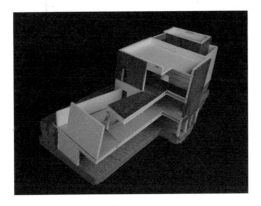

吴舒瑞

妥朝霞

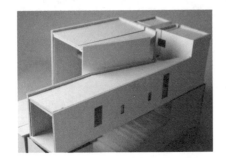

罗琳琳

陈迪佳·

5

胡佳林

王轶

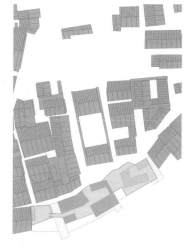

5

吴雨禾

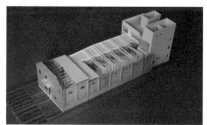

张灏宸

5

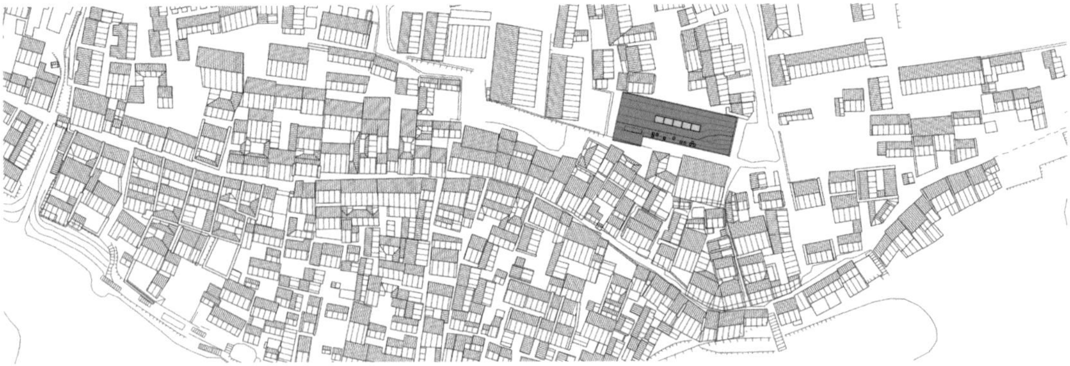

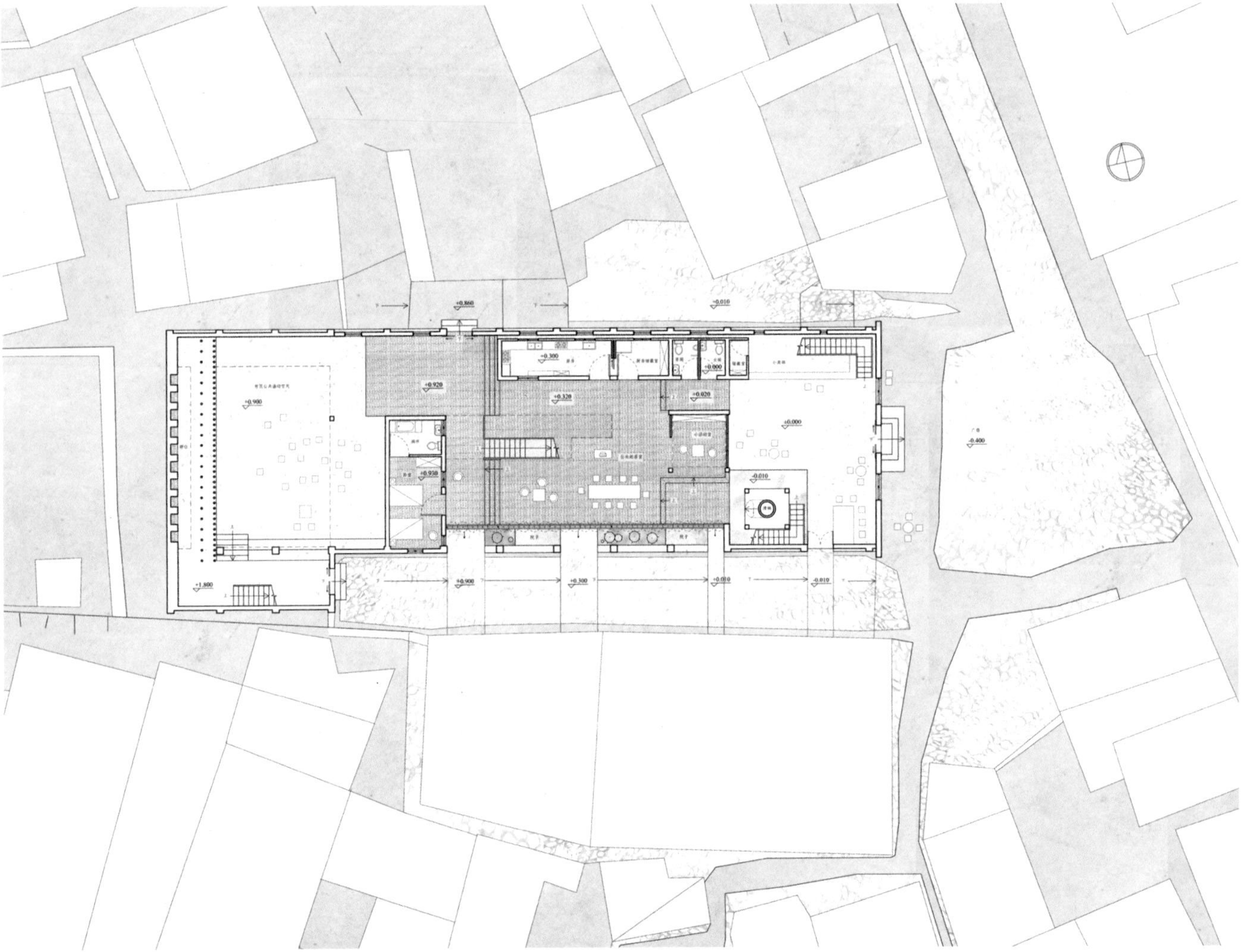

+0.860
+0.010
+0.300
+0.000
+0.920
+0.320
+0.020
+0.900
+0.000
-0.400
+0.930
-0.010
+1.800
+0.900
+0.300
+0.010
-0.010

王雨林

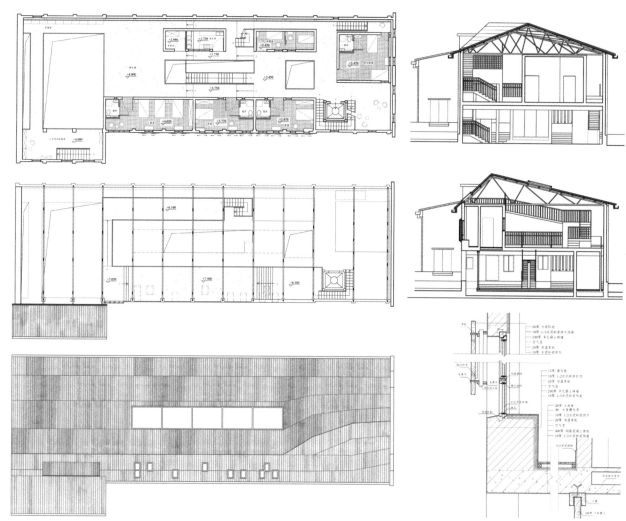

5

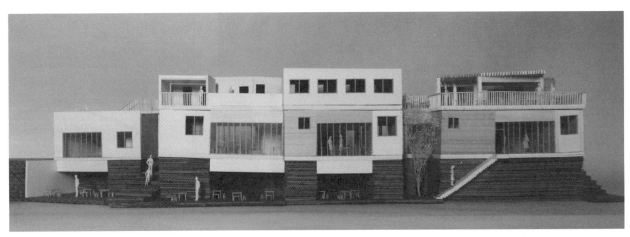

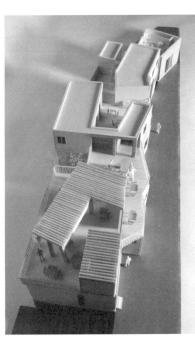

王轶

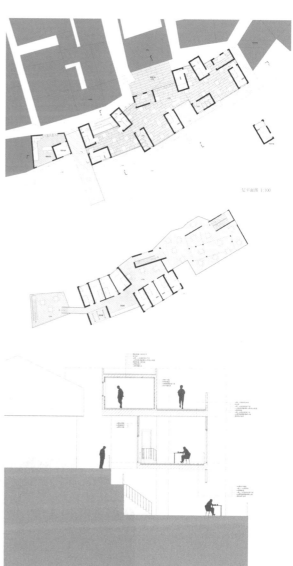

5

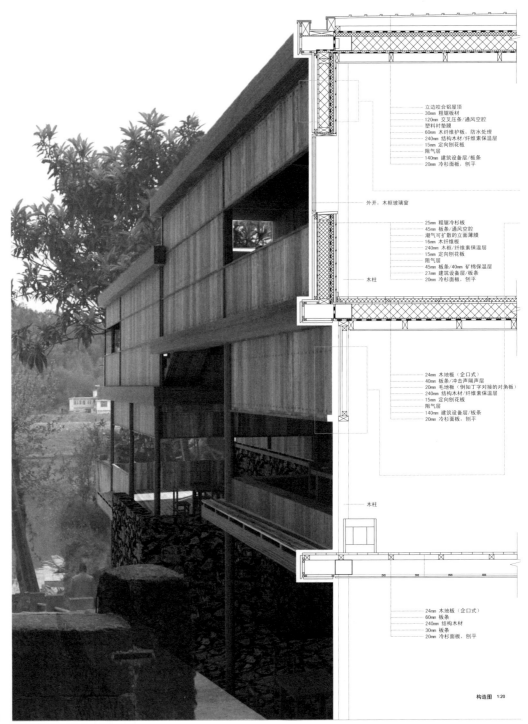

立边咬合铝屋顶
30mm 粗锯板材
120mm 交叉压条/通风空腔
塑料衬垫膜
60mm 木纤维护板，防水处理
240mm 结构木材/纤维素保温层
15mm 定向刨花板
阻气层
140mm 建筑设备层/板条
20mm 冷杉面板，刨平

外开，木框玻璃窗

25mm 粗锯冷杉板
45mm 板条/通风空腔
潮气可扩散的立面薄膜
16mm 木纤维板
240mm 木框/纤维素保温层
15mm 定向刨花板
阻气层
45mm 板条/40mm 矿棉保温层
27mm 建筑设备层/板条
20mm 冷杉面板，刨平

木柱

24mm 木地板（企口式）
40mm 板条/冲击声隔声层
20mm 毛地板（例如丁字对接的对角板）
240mm 结构木材/纤维素保温层
15mm 定向刨花板
阻气层
140mm 建筑设备层/板条
20mm 冷杉面板，刨平

木柱

24mm 木地板（企口式）
60mm 板条
240mm 结构木材
30mm 板条
20mm 冷杉面板，刨平

构造图 1:20

黄艺杰

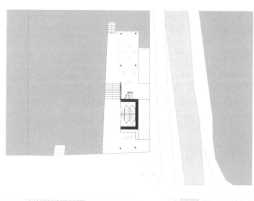

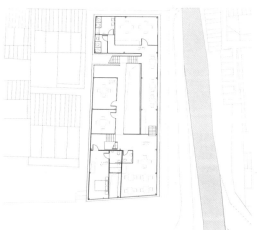

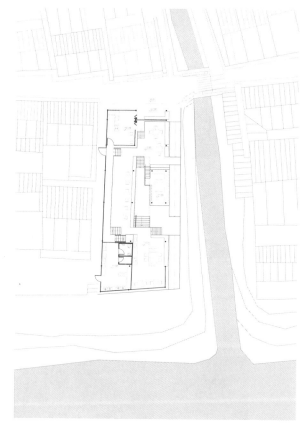

妥朝霞

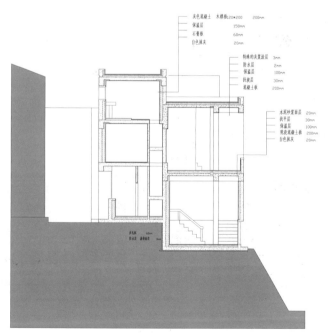

灰色混凝土 木模板20×200　200mm
保温层　　　　　　　150mm
石膏板　　　　　　　60mm
白色抹灰　　　　　　20mm

特殊的灰浆涂层　　　3mm
防水层　　　　　　　2mm
保温层　　　　　　　100mm
找坡层　　　　　　　30mm
混凝土层　　　　　　200mm

水泥砂浆面层　　　　20mm
找平层　　　　　　　30mm
保温层　　　　　　　100mm
现浇混凝土层　　　　200mm
白色抹灰　　　　　　20mm

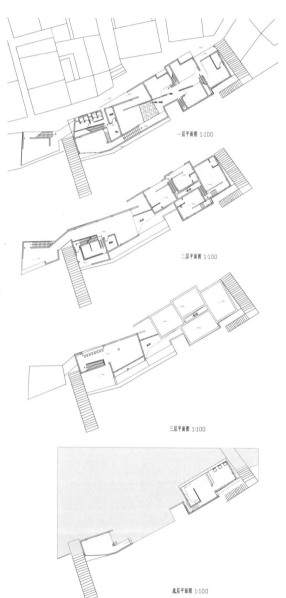

一层平面图 1:100

二层平面图 1:100

三层平面图 1:100

底层平面图 1:100

5

吴舒瑞

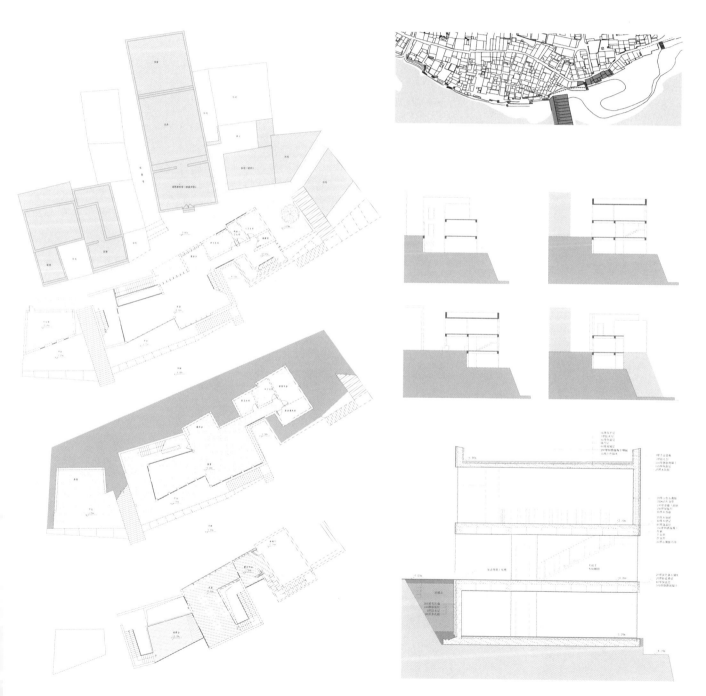

5

1 ［瑞士］安德烈·德普拉泽斯 (Andrea Deplazes). 建构建筑手册. 任铮钺，等，译. 大连: 大连理工出版社，2007.

2 丁沃沃. 环境·空间·建构. 建筑师，1998，85（10）.

3 龚恺，等. 渔梁. 南京：东南大学出版社，1998.

4 顾大庆，柏庭卫. 建筑设计入门. 北京：中国建筑工业出版社，2010.

5 ［美］肯尼斯·弗兰普顿（Kenneth Frampton）. 张钦楠，译. 现代建筑———一部批判的历史. 北京：生活·读书·新知三联书店，2004.

6 徽州地方志.

7 朱雷. 空间操作：现代建筑空间设计及教学研究的基础与反思. 南京：东南大学出版社，2010.

8 Adrian Forty. Words and Buildings. London: Thames & Hudson Ltd, 2000.

9 Alban Janson,Thorsten Burklin. AuftritteScenes. Basel: Birkhauser, 2002.

10 Alexander Caragonne. The Texas Rangers:Notes from an Architectureal Underground. The MIT Press, 1995.

11 David Murray (editor). VIA 11: Architecture and Shadow. The Journal of the Graduate School of Fine Arts. University of Pennsylvania, 1990.

12 Dietmar Eberle. From City to House: A Design Theory. GTA Verlag, 2007.

13 Dimitris Pikionis. "Sentimental Topography," in Scott Marble (ed.), Architecture and Body. New York: Rizzoli, 1988.

14 John Hejduk, Ulrich Franzen and Alberto Perez-Gomez. Education of an Architect: A Point of View: the Cooper Union School of Art & Architecture1964-1971. New York: Monacelli Press, 1999.

15 Juhani Pallasmaa. The Eyes of the Skin. John Wiley & Sons Ltd, 2012.

16 Marc Angelil. Inchoate: An experiment in Architecture Education. Bacelona: Actar, 2003.

17 Marion Kaminski. Venice:Art & Architecture, Mark Cole and Eithne McCarthy (trans.), Cologne: Konemann Verlagsgesellschaft mbH, English edition, 2000.

18 Mircea Eliade. The Sacred and the Profane: The Nature of Religion. Willard R. Trask (trans.), New York: Harper & Row, Publishers, 1959.

19 Richard Goy. Venice:the City and its Architecture. Phaidon, 1999.

20 Steven Holl. Paralla, Principle Architecture Press, 2000.

21 Solà-Morales Rubió, Ignasi de. Differences, Cambridge. MA: the MIT Press, 1999.

22 Yi-Fu Tuan. Topophilia: A Study of Environmental Perception, Attitudes, and Values. New York: Columbia University Press,1974.

图片来源

P.6 海杜克九宫图示意图：

John Hejduk, Mask of Medusa, New York: Rizzoli International Publications, Inc. 1985.

（图片由朱雷扫描提供）

九宫格练习：

John Hejduk, Ulrich Franzen and Alberto Perez-Gomez,Education of an Architect: A Point of View: the Cooper UnionSchool of Art &Architecture 1964-1971, New York: Monacelli Press, 1999, p.35.

赫伯特·克莱默教案：

由作者扫描教授教学档案，版权归克莱默教授。

P.7 迈克·安杰利教案：

Marc Angelil, Inchoate: An experiment in Architecture Education, Bacelona: Actar, 2003,p.47, p.296.

克里斯蒂安·克雷兹一年级的教案：

风景照片版权归 Robert Hausser。

学生作业为克雷兹教授教学记录扫描而成，版权归克雷兹教授。资料由叶静贤提供。

P.12 Spiro Kostof, A History of Architecture: Settingsand Rituals, New York: Oxford University Press,1995, p.23, p.32, p.66.

P.15 Lucy R. Lippard, Overlay, New York: Pantheon Books, 1983, p. 53.

P.18 黄印武摄。

P.30 Rem Koolhaas,Bordeaux house and Pool: ElCroquis 131, p.85.

P.32 动画片截屏由吴燕雯提供。

P.56 Marion Kaminski, Art & Architecture Venice, Konemann,1999, p224.

P.112 Sergio Los, Klaus Frahm, Carlo Scarpa, Taschen, 1999, pp.68-69.

Steven Holl, Paralla, Principle Architecture Press, pp.116-131.

P.142 龚恺（等）. 渔梁. 图纸由龚恺提供。

P.144 图纸由龚恺提供。

学生作业均由学生自己拍摄，其余由作者摄。

指导教师　学生

胡　滨

周　芃

徐　甘

王　凯

王小峰　叶思茂　袁　斌　徐明超　张　晴　许文杰
王新宇　陈慧倩　应伊琼　谷　蓉　张　怡　张　帆
靳　悠　应薇华　曹　睿

杨　洋　杨哲卉　赵剑豪　吕建策　陈　臻　郭　韬
池　伟　刘卜源　王尔东　钟　声　周君华　郭兵飞
田　耕　赵晓世　陈云文　邓耘园　叶静贤　金珍杓

崔　俏　陆容立　周丽媛　符陶陶　程　博　刘　柳
仇昕晔　赖萍萍　胡　斌　高　藤　胡维娜　陈俊舟
孙伏娇　徐　驰　过甄茜　吴晓雪　黎　威　胥星静
韦海涛　陆　莹　张春美　史　梁　王　丹　田逸飞
王　祯　韩　靖

张　莹　蔡苏徽　陈超一　张　怡　陈　亮　张珂维
郑　莹　王雯赟　田　煜　林晓东　张　洁　邱　洵
周枕竹　陈　鑫　陆君超　石腾飞　耿佶鹏　孙　翘
陈　炎　杨　磊　段新心　白雪莹　严宇亮　李若恺
邱一飞　张晓琳　司徒一江

杜海明　毕　胜　胡　俊　周咪咪　史旭敏　张　泽
沈宇帆　石慧泽　江斐杰　吴雨帷　杨鸿斌　潘乔钰
詹武明　张子罶　张子婴　邓　鉴　庞　智　管　京
夏福君　周　峰　项伊晶　李本田　陈　圆　李　响
何　瑛　宋　清　赵月辰　王子峥　岳雨峰

赵诗佳　李哲野　朱　博　曹含笑　张佳玮　刘涓研
徐　帆　孙朴诚　刘清源　王沁冰　陈　兵　邹　宇
张海滨　张　速　陶妮娜　邹明溪　吴宇聪　董　晓
许斯力　蓝楚雄　方　昱　吕婷婷　金　涛　俞晨超

刘竞泽　汤倩云　李妙田　黎家泓　辛　静　郑　攀
卜雨晴　裘　快　郑思雨　谭　杨　鲍静逸　刘力可
张　驰　吕浩然　李晨光　章雅芸　王　昊　阳晓伟
朱治中　潘亦纯　陈　辐　杨　伊　王冰心　王诗卉

张伊莎　张一培　施嘉瑜　吴菁妍　黄逸沁　臧奕譞
杨倩雯　林栩彬　尤　玮　高　硕　黄　夙　周　韬
杨林家　王月琦　杜　明　张　森　陈　韵　黄根彬
李景晨　田金玲　徐忠义　张　璐　开　欣

周　阳　刘　旭　王智励　吴舒瑞　曾　顺　周兴睿
朱静宜　尤　玮　冯　奇　罗琳林　妥朝霞

唐　韵　张灏宸　王　轶　吴雨禾　韩雪松　陈迪佳
黄艺杰　王雨林　谢　超　王旻烨　胡佳林　曹诗敏
宋　睿　汪　桐

致谢

九年的教学，感谢参与教学的老师和各位学生，多谢你们的努力，使得教案得以完成。在抄录你们的名字的时候，你们的面容又再次浮现在我的眼前，非常感谢你们辛苦的付出。

东南大学帮我建立了对建筑的认知和做事的态度；ETH 的交流和学习给我开启了另外一扇门，Kramel 教授耐心地领我走过他的教案设计，让我领会设计与建造之间的关联；在佛罗里达大学的学习为这个教案设计奠定了基础，不仅因为教案设计的基础来源于我的博士论文，教案设计中关于威尼斯的研究和等候空间中讨论的层叠和透明性的设定都源于在佛罗里达的学习，同时 Nancy Clark 和 Peter Gunderson 教授领我走过了佛罗里达大学的一、二年级的设计教学，让我领会设计中存在这么多丰富的想象，以及文本在设计过程中给予想象的力量；而同济大学给了我自由，去做教学。非常感谢这些经历。

谢谢钟训正老师，这么多年都没表达过。多谢丁沃沃老师，教我教书。

感谢家人，默默支持。

图书在版编目（CIP）数据

从大地开始　到天空之下：建筑基础教学实践/
胡滨著.—北京：知识产权出版社，2013.11（2014.7重印）

ISBN 978-7-5130-2432-7

Ⅰ.①从… Ⅱ.①胡… Ⅲ.①建筑学—教学研究—高
等学校 Ⅳ.①TU-42

中国版本图书馆CIP数据核字(2013)第270758号

内容提要

　　本书是关于同济大学二年级建筑设计基础课的实践。它试图在研究与教学之间建立关联，因而它主要涉及的是教学中"教"的部分。"教"的部分有教案设计和教学实施两个方面。本书阐述的重点是教案设计，目的在于强调研究是教学的基础。它不是试图去设立一个范式，而是在众多教学路径中，呈现自己的思考。同时，希望这种思考能更多地呈现在我们的教学活动中，而不是简单地拼贴"趣味"练习。

责任编辑：张　冰　　　　　　　　责任校对：韩秀天

责任出版：刘译文

从大地开始　到天空之下
——建筑基础教学实践

胡　滨　著

出版发行：知识产权出版社有限责任公司		网　　址：http://www.ipph.cn	
社　　址：北京市海淀区马甸南村1号		邮　　编：100088	
责编电话：010-82000860转8024		责编邮箱：zhangbing@cnipr.com	
发行电话：010-82000860转8101/8102		发行传真：010-82005070/82000893	
印　　刷：北京中献拓方科技发展有限公司		经　　销：新华书店及相关销售网点	
开　　本：787mm×1092mm 1/20		印　　张：9.25	
版　　次：2013年11月第1版		印　　次：2014年7月第2次印刷	
字　　数：200千字		定　　价：68.00元	

ISBN 978-7-5130-2432-7